算法与程序设计基础

刘昌明　李海玉　孙延君　刘思圻
邓　林　姚勋照　张丽伟　编著

北方联合出版传媒（集团）股份有限公司
辽宁科学技术出版社

图书在版编目（CIP）数据

算法与程序设计基础 / 刘昌明等编著. —沈阳：辽宁科学技术出版社，2023.12（2024.5 重印）
ISBN 978-7-5591-2274-2

Ⅰ. ①算… Ⅱ. ①刘… Ⅲ. ①电子计算机—算法理论 ②程序设计 Ⅳ. ①TP301.6 ②TP311.1

中国版本图书馆CIP数据核字（2021）第197658号

出版发行：辽宁科学技术出版社
（地址：沈阳市和平区十一纬路25号 邮编：110003）
印 刷 者：辽宁鼎籍数码科技有限公司
经 销 者：各地新华书店
幅面尺寸：185 mm × 260 mm
印 张：10
字 数：270 千字
出版时间：2023 年 12 月第 1 版
印刷时间：2024 年 5 月第 2 次印刷
责任编辑：郑 红
封面设计：李 娜
责任校对：栗 勇

书 号：ISBN 978-7-5591-2274-2
定 价：80.00元

联系电话：024-23284526
邮购热线：024-23284502
http：//www.lnkj.com.cn

前言

本书在编写过程中，强调算法基础理论学习，通过示例、图解的形式展示学习内容，介绍程序设计基础、方法，避免枯燥、空洞的理论，容易上手，于不知不觉之中使读者学会编程。书中内容在组织上围绕“程序设计”这个主题，深入浅出地介绍程序设计思想，具有针对性和实用性，强调学员的实践能力培养，重点强调学员怎么做、如何做。

全书共分 8 章，主要内容包括算法入门、数学基础、数据结构、树结构、图论、计算几何、算法求解策略、论题选编，内容涵盖算法基础理论知识，有助于读者思维能力培养和算法分析能力的提高。

在编写过程中，得到了张春华教授的指导和帮助，在此表示衷心感谢。

编著者

2023 年 12 月

目录

第1章 算法入门 …… 1

1.1 算法基础 …… 1

1.1.1 算法的概念 …… 1

1.1.2 算法的特征 …… 1

1.1.3 算法设计 …… 2

1.1.4 算法分析 …… 3

1.1.5 算法的表示 …… 5

1.2 算法的作用 …… 9

1.2.1 算法的作用 …… 9

1.2.2 实例 …… 10

第2章 数学基础 …… 15

2.1 复杂度分类 …… 15

2.2 概率论 …… 16

2.3 组合学 …… 17

2.3.1 鸽巢原理 …… 18

2.3.2 排列与组合 …… 18

2.3.3 二项式系数 …… 19

2.3.4 容斥原理 …… 19

2.3.5 生成函数 …… 19

2.4 代数学 …… 20

2.5 博弈论 …… 20

2.6 数论基础 …… 22

2.6.1 辗转相除 …… 22

2.6.2 同余定理 …… 24

2.6.3 素数问题 …… 24

2.7 矩阵 …… 25
2.7.1 矩阵运算 …… 25
2.7.2 矩阵转置 …… 27
2.7.3 矩阵的秩 …… 27
2.8 习题 …… 27

第3章 数据结构 …… 29
3.1 线性表 …… 29
3.1.1 线性表的定义 …… 29
3.1.2 线性表的顺序存储结构 …… 29
3.1.3 线性表的链式存储结构 …… 31
3.2 栈和队列 …… 34
3.2.1 栈 …… 34
3.2.2 队列 …… 35
3.3 排序 …… 35
3.3.1 冒泡排序 …… 36
3.3.2 选择排序 …… 37
3.3.3 插入排序 …… 38
3.3.4 快速排序 …… 39
3.3.5 归并排序 …… 41
3.4 习题 …… 44

第4章 树结构 …… 45
4.1 树的概念 …… 45
4.1.1 基本概念 …… 45

4.1.2 树和森林的遍历 ······ 46
4.2 二叉树 ······ 46
4.2.1 二叉树的建立 ······ 47
4.2.2 二叉树的遍历 ······ 50
4.2.3 平衡二叉树 ······ 52
4.3 森林 ······ 57
4.3.1 树、二叉树、森林之间的转换 ······ 57
4.3.2 森林的遍历 ······ 58
4.4 哈夫曼树和哈夫曼编码 ······ 59
4.4.1 基本概念 ······ 59
4.4.2 哈夫曼树 ······ 59
4.4.3 哈夫曼编码 ······ 61
4.5 堆 ······ 62
4.5.1 基本概念 ······ 62
4.5.2 堆排序 ······ 67
4.6 二叉排序树及平衡二叉树 ······ 70
4.7 线段树 ······ 76
4.8 并查集 ······ 78
4.9 树状数组 ······ 80
4.10 习题 ······ 82

第5章 图论 ······ 85
5.1 图的概念 ······ 85
5.2 图的存储 ······ 86
5.2.1 图的邻接矩阵存储 ······ 87
5.2.2 图的邻接表存储 ······ 88

5.3 图的遍历 …… 90

5.3.1 深度优先搜索 …… 90

5.3.2 广度优先搜索 …… 94

5.4 最小生成树 …… 96

5.4.1 普里姆算法 …… 97

5.4.2 克鲁斯卡尔算法 …… 99

5.5 最短路径 …… 105

5.6 拓扑排序 …… 111

5.7 习题 …… 112

第 6 章 计算几何 …… 115

6.1 向量问题 …… 115

6.1.1 向量的概念 …… 115

6.1.2 向量加减法 …… 116

6.1.3 向量外积 …… 116

6.2 点的有序化 …… 117

6.2.1 判断点是否在线段上 …… 117

6.2.2 判断两线段是否相交 …… 117

6.2.3 判断线段和直线是否相交 …… 119

6.2.4 两条不平行的直线求交点 …… 119

6.2.5 判断两点 *P*3 和 *P*4 是否在直线 *P*1*P*2 的异侧 …… 119

6.3 多边形与圆 …… 120

6.4 半平面交 …… 124

第7章 算法求解策略 127
7.1 查找 127
7.1.1 查找的概念 127
7.1.2 线性表的查找 127
7.1.3 树表的查找 130
7.1.4 哈希表的查找 132
7.2 分治 135
7.2.1 分治法的概念 135
7.2.2 分治法的基本思想 136
7.2.3 分治法解题的一般步骤 137
7.3 贪心 137
7.3.1 贪心法的概念 137
7.3.2 贪心法的特点及其优缺点 137
7.4 动态规划 141
7.5 递归 143

第8章 论题选编 149
8.1 背包问题 149
8.2 字符串处理 150
8.3 典型例题 162

第 1 章　算法入门

1.1　算法基础

1.1.1　算法的概念

算法（Algorithm）是对特定问题求解步骤精准而完整的描述，是独立存在的一种对问题求解的方法和思想。算法是计算机进行运算的根本所在，因为计算机程序运行本质上就是使用一个算法来控制计算机逐条执行指令并最终获得结果的过程，当算法控制计算机执行程序时，会从输入设备或内存地址读取一个或多个数据，并在有限时间内获得相应的结果作为输出。

通俗地说算法就是一种方案。如果将使用计算机编程求解问题比喻为烹饪，算法对应的就是菜谱，无论程序运行还是烹饪，其实都是按照事先制定好的顺序执行一个个步骤直至最终完成并得到结果的一个过程，只不过对于烹饪来讲，得到的结果是一盘菜肴，而对于程序来讲，得到的则是求解问题的结果。获得一个优秀的算法就像拿到了一本厨神编写的菜谱，一个厨师可以按照厨神菜谱指导的步骤快速地烹饪出一盘美味佳肴，而一个程序员也可以用一个优秀的算法快速编程求解，最终获得所需的精确结果，因此算法的制定和优化一直都是计算机程序最核心的问题。

1.1.2　算法的特征

算法应该具备五大重要特征：

1. 有穷性（Finiteness）

算法的有穷性是指算法的组成步骤必须是有限的，对于一个算法来讲步骤的数量可能是几个，也可能是几百上千个，但是无论有多少个步骤都必须有明确的终止条件。就像菜谱一样，无论炒菜还是炖菜的步骤多么烦琐，都不可能无限烹饪下去，总有起菜出锅的时刻。

2. 确定性（Definiteness）

算法中每个步骤都应该是确切的，对结果的预估也应该是确切的，仍然用烹饪来比喻，菜谱中每进行到一个步骤都会说明是应该切丝还是切丁，是水煮还是油炒，拿到一个菜谱，根据操作步骤就一定能预估出按照这个菜谱做出来的是一盘什么菜；同样算法描述的每一个步骤也应该有确切的指令，是加减还是乘除，是判断还是循环，而根据这些确切的指令也可以明确地预估出算法最终得到的结果，这就是算法的确切性。

3. **输入项**（Input）

一个算法应该有零个或多个输入项，算法输入项的主要作用是为算法的执行赋予一个初始情况，零个输入项是指算法本身给定出了初始情况，不需要人工来进行输入，但不代表算法在没有任何初始情况的条件下就可以执行，没有初始情况的算法，就像没有了原材料的菜谱，不具备任何意义。

4. **输出项**（Output）

一个算法应该有一个或多个输出项，算法输出项的主要作用是反映算法执行之后的结果，一个算法可以有多个输出项，就像按照菜谱炖了一锅牛肉，出锅时不仅得到了炖肉还得到了牛肉汤；没有输出项的算法是毫无意义的，就像一本什么菜都做不出来的菜谱，毫无价值可言。

5. **可行性**（Effectiveness）

算法中每一个步骤都应该是可以被执行的操作步骤，即每个步骤都能够在有限时间内执行完毕，只要有任何一个步骤不可行，算法就是失败的，或者不能被称为算法。仍然用烹饪举例，在菜谱中可以要求把生鸡蛋做成蛋饼或者蛋羹，但却不可能要求把生鸡蛋切条或者是丝。因此如果一个菜谱中的某一步骤要求改变一个生鸡蛋的形状，那它就是一个错误的菜谱或者干脆不能算作一个菜谱。

1.1.3 算法设计

一个算法进行设计时主要需实现以下 5 个目标：

1. **正确性**

算法能够正确执行预先制定的功能，正确执行是算法最基本又是最重要的目标。

2. **可读性**

算法的描述有助于其他非制定者对算法的理解，这就要求算法是逻辑清晰并且描述规范的。

3. **可使用性**

可使用性也叫用户友好性，指的是算法可以方便地被用户使用，比如尽量简化输入项的数目和复杂程度就可以降低算法对用户的需求并扩大使用者的覆盖范围。

4. **健壮性**

算法的健壮性是指算法应该有很好的容错性，即有处理异常情况的能力，在执行过程中可以对不合理的数据进行排查，确保程序不会因为异常而发生中断。

5. 高效率与低存储量

算法的效率主要是指算法执行所需要的时间，算法的存储量是指算法执行所需的最大存储空间。算法设计时应该在保证前面 4 个目标的前提下，尽可能地缩短执行时间以提高效率，同时减少存储量以降低计算机负担。

1.1.4　算法分析

算法分析主要研究和比较各种算法的性能和优劣，而算法的空间复杂度和时间复杂度则是算法分析的两个主要方面。

1. 空间复杂度

算法的空间复杂度是指算法执行过程中所需的内存空间，记为 $S(n)$，它是问题规模 n 的函数。空间复杂度不是用来计算算法程序执行实际占用空间的，而是对算法在执行过程中临时占用存储空间大小的量度，它反映的是一个趋势。一般这个存储空间由三部分组成，分别为算法自身存储占用的存储空间、算法的输入输出项占用的存储空间和算法在运行过程中产生的一些暂存量和临时数据占用的存储空间。

算法的输入项占用的存储空间主要由求解的问题决定，是通过参数调用由函数传递而来的，而输出项占用的存储空间更是自问题被提出就确定好的，这些存储空间不随求解算法的改变而增减。

存储算法自身占用的存储空间则与算法编写的篇幅成正比，要减少这方面的存储空间，就需要编写出代码重复率较低、篇幅较短的算法，如尽量使用函数对代码进行封装就可以减少算法的自身存储空间。

算法在运行过程中产生的临时占用存储空间则随算法的不同而变化较大，有的算法只需占用少量的临时存储空间，并且不随问题规模的扩大或缩小而改变，这种算法就属于节省存储空间的算法。比如一个判断输入项数值是否为正数的算法，无论输入项数值如何变化，算法执行所需要的临时存储空间并不随之变化，即此算法空间复杂度为一个常量，而算法的空间复杂度一般采用一种通用表示法即“大 O 符号法”来进行表示（其中 O 表示正比例关系是一个常系数），所以此类算法的空间复杂度可记为：

$$S(n)=O(1)$$

另外有些算法需要占用的临时存储空间与解决问题的规模 n 相关，占用的临时存储空间随着 n 的增减而同步增减，当 n 较大时算法会占用较多的临时存储空间，例如算法中的快速排序和归并排序就属于这种情况，此类算法的空间复杂度可记为：

$$S(n)=O(n)$$

2. 时间复杂度

算法的时间复杂度又称时间复杂性，记为 $T(n)$，是指算法整个执行过程所需要的工作量，即算法从开始到执行完毕的运行时间。计算算法时间复杂度最简单的办法就是把算法程序执行一遍，它所消耗的时间即为此算法的时间复杂度。但是由于运行环境（如机器的性能高低及测试时使用的数据规模）的影响，这个结果并不准确，所以时间复杂度仍使用“大 O 符号法”来进行表示，记为：

$$T(n)=O(f(n))$$

其中时间复杂度表示算法中所有代码行执行次数之和，因为“大 O 符号法”并不是用来描述算法的真实执行时间的，它只是用来描述算法执行时间的变化趋势，所以用这个公式得到的时间复杂度又叫作算法的渐进时间复杂度。

常见的时间复杂度量级有常数阶、线性阶、对数阶和方阶等，如表 1.1 所示：

表 1.1　常见时间复杂度量级表

量级	公式
常数阶	$O(1)$
线性阶	$O(n)$
对数阶	$O(\log N)$
线性对数阶	$O(n\log N)$
平方阶	$O(n^2)$
立方阶	$O(n^3)$
k 次方阶	$O(n^k)$
指数阶	$O(2^n)$

表 1.1 中的量级是按照时间复杂度从上至下依次增大的顺序排列的，其对应算法的执行效率也依次降低，下面就举例讲解几个较为常见的时间复杂度量级：

（1）常数阶。

常数阶 $O(1)$ 代表无论算法的代码执行了多少行，时间复杂度都是一个常数，即 O，如下面代码所示：

```
int a = 1;
int b = 2;
int m=0;
a++;++b;
```

```
m = a + b;
```

上述算法代码在执行时，它需要的执行时间并不随某个输入量数值的变化而改变，那么无论此类代码有多少行，都可以用 $O(1)$ 来表示它的时间复杂度。

（2）线性阶。

线性阶 $O(n)$ 表示算法的时间复杂度与参数 n 成比例关系，随着 n 的数值变化而发生改变，如下面代码所示：

```
int i, m, n;
scanf ("%d", &n) ;
for (i=0; i<n; i++)
{
    m = i*2;
    printf ("%d", m) ;
}
```

以上代码段中 for 循环体中代码将重复执行 n 次，所以算法的执行时间随 n 值递增变化，因此代码的时间复杂度可以用 $O(n)$ 来表示。若是我们把上面代码中的循环改成双重循环嵌套模式，每个循环都是执行 n 次，则时间复杂度就变成了 $O(n^2)$。

（3）对数阶。

对数阶 $O(\log N)$ 的演示代码如下：

```
int i = 1;
while (i<N)
    i = i * 10;
```

从上面代码可以发现，while 循环里 i 每次乘以 10 后距离 N 就越来越近了。如果循环 x 次之后 i ≥ N 循环结束，那么可以算出 $x=\log_{10} N$，也就是说这个循环共可以执行 $\lg N$ 次，因此这个算法代码的时间复杂度即表示为 $O(\log N)$。

1.1.5 算法的表示

算法的表示方法多种多样，如自然语言、流程图、N-S 图、伪代码等，其中以流程图和伪代码最为常用。

1. 自然语言表示法

自然语言就是人们平时使用的各种语言，比如说汉语、英语、法语、日语等，这些都可以称为自然语言。

用自然语言表示算法的优点是符合人类的描述方式，从而比较通俗易懂，当算法中的执行步骤逻辑并不复杂时，用自然语言表示的算法就比较直观，读者不需要进行专门的训练就可以很容易地理解。但是自然语言表示算法也有相应的缺点，首先，由于自然语言存在歧义性和二义性，很容易导致算法执行不准确从而降低算法的准确性；其次，自然语言的语句一般较长，如果算法中包含了判断和循环等复杂的逻辑结构，而且执行步骤较多时，使用自然语言表示算法就不那么直观清晰了；最后，由于自然语言与程序语言有着极大的表述区别，所以将其表示的算法编写成代码也不是很方便。

2. 流程图表示法

所谓流程图就是算法的图形化表示方法，它用比较直观、常见的图形符号配合一定的文字描述来表示算法，这些图形符号包括矩形框、菱形框、箭头等，每一个符号都拥有自己独特的意义，如表 1.2 所示。

表 1.2　流程图常用图形符号及意义

图形符号	名称	意义
	起止框	算法执行步骤的开始或结束
	处理框	算法中对数据的处理步骤
	输入 / 输出框	算法的输入项和输出项
	条件判断框	对条件进行判断并选择相应步骤
	连接点	转向流程图的他处或从他处转入
↓ →	流程线	符号之间的连线，以箭头方向表示执行的先后顺序

如果使用流程图来表示算法，那么程序设计结构化方法中的 3 种基本结构，即顺序结构、选择结构和循环结构，就都可以清晰地表达出来，如图 1.1 所示。

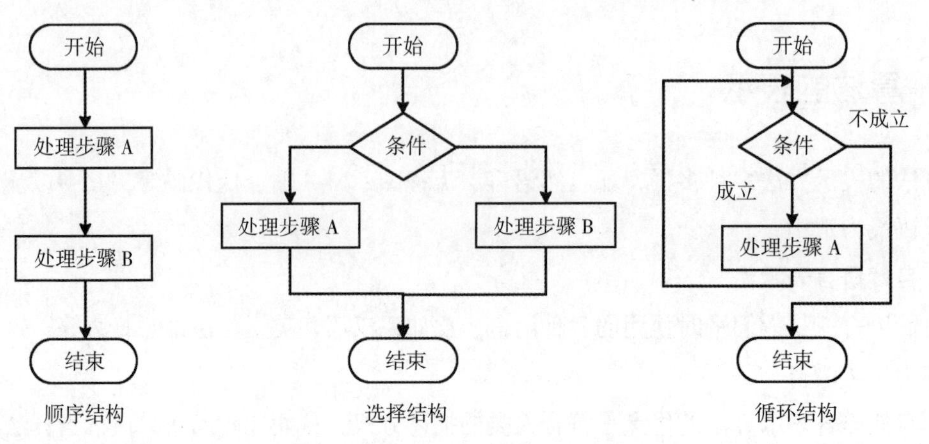

图 1.1　流程图

图 1.1 中流程图表示的算法清楚简洁、通俗易懂，尤其是对于选择结构的描述有着极大优势，图形符号自成体系不需任何程序设计语言的支持，从而有利于将其表示的算法翻译到不同的程序环境中，然而流程图表示法也有其缺点，那就是不易书写，修改起来比较困难，程序设计人员一般都要借助专业的流程图制作软件如 Microsoft Visio 等来提升流程图的绘制和修改效率。

3. N–S 图表示法

虽然用流程图表示法表示的算法清楚简洁、通俗易懂，但是如遇到规模较大、逻辑较为复杂的算法时，流程图会随着流程线的增多而产生一定的交错混乱，从而对算法的阅读和理解产生一定的影响。因此有两位美国学者给出了一个完全摒除流程线的图形表示法，这就是 N–S 图。

N–S 图将全部算法都写在一个大矩形框内，按照从上到下的顺序在大框内嵌套小矩形框来表达各种处理步骤，3 种基本结构的 N–S 图如图 1.2 所示：

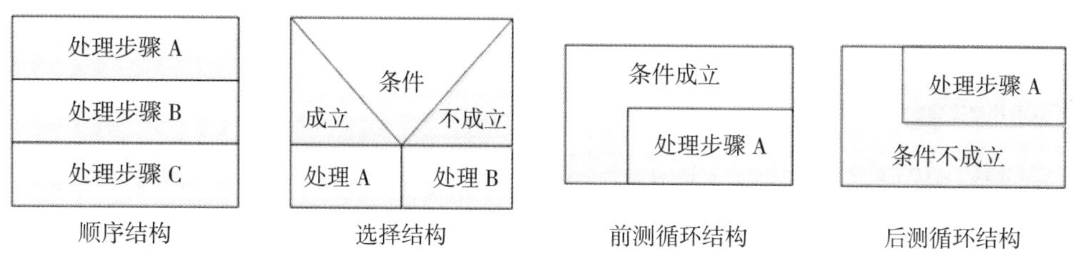

图 1.2　N–S 图

N–S 图几乎和流程图形成同构，所有的 N–S 图都可以改写为流程图，同时绝大部分的流程图也能够改写为 N–S 图。N–S 图的优点在于它相较流程图更加直观，具有非常优秀的能见度，对于局部和全局作用域表示得更加清晰，也更好地表示了嵌套关系和模块之间的隶属关系，但是 N–S 图也有它的缺点，那就是对于类似 Goto 指令以及针对循环的 break 和 continue 指令这样特殊的步骤无法进行表示。

用“找出 100 以内是 7 的倍数的自然数”来举例，解决这个问题的算法可以分别用自然语言、流程图和 N–S 图来表示，如图 1.3 所示：

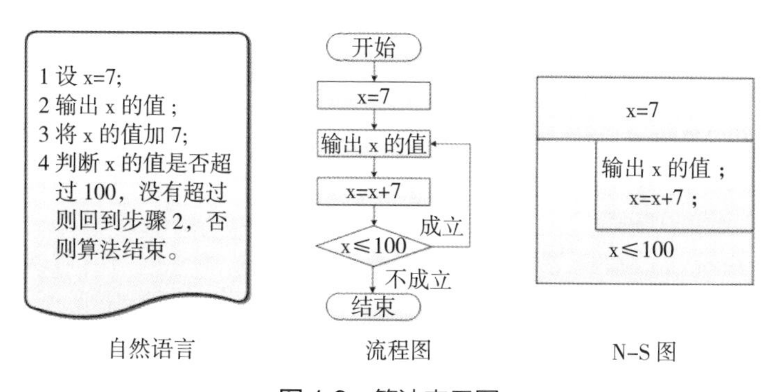

图 1.3　算法表示图

4. 伪代码表示法

伪代码是一种介于自然语言和程序设计语言之间的语言，它的表示形式更加简洁，同时也使用程序设计语言的语法结构来表示算法步骤之间的相互关系和执行顺序，这样书写方式比较紧凑、自由，在阅读算法内容尤其是涉及选择结构和循环结构时比较好理解，同时使用伪代码表示的算法也更有利于翻译成程序设计语言并最终转换为程序。下面使用 C 语言的语法结构举例来对三大基本结构进行伪代码表示：

（1）顺序结构：

```
处理步骤 A;
处理步骤 B;
处理步骤 C;
```

（2）选择结构：

```
if（条件）
   处理步骤 A;
else
   处理步骤 B;
```

（3）循环结构：

```
while（条件）
{
   处理步骤；
}
```

伪代码一般在程序设计初期用来帮助书写算法流程。它免除了程序设计语言中对于语句严格而又死板的格式要求，只保留了大体语法结构，书写方便的同时内容紧凑、易于理解，便于向计算机程序设计语言过渡，但是由于每个程序员熟悉的程序设计语言以及表述习惯各不相同，导致伪代码的种类繁多，语句不统一、不规范，有时会对算法的可读性和可使用性造成一定影响。

5. 程序设计语言表示法

伪代码实际上已经非常接近程序设计语言了，但是它终究还是无法被计算机所识别，所以即便是用伪代码表示的算法，最终也要使用程序设计语言编写出来，即转换为最终程序才可以在计算机上执行。下面用一个求阶乘的问题举例，分别使用伪代码和 C 语言来进行对比表示：

（1）伪代码：

```
变量 k=1;
变量 i=2;
输入 n 的数值；
```

```
while（i 的数值小于等于 n）
{
   k=k*i;
   i++;
}
输出 k 的数值；
```

（2）C 语言：

```
#include <stdio.h>
void main（）
{
   int k=1， i=2, n;
   scanf（"%d", &n）；
   while（i<=n）
   {
      k=k*i;
      i++;
   }
   printf（"%d", k）；
}
```

通过对比可见，伪代码主要是用来描述语句之间的逻辑关系，并不能提交执行，它是程序设计者在编程前用来记录算法执行过程中大型复杂结构相关设计思路的工具，其实无论使用哪种表示法表示算法，最终都是为了将设计构思更方便快捷地转化为计算机程序，程序设计语言才是算法的最终表示形式。

1.2　算法的作用

1.2.1　算法的作用

算法既然是用来解决问题的，那么世界上存在的问题成千上万，相应的算法也就为数众多，在现实生活中解决实际问题，都会不可避免地涉及算法，例如金融理财、节假日值班人员排班等，都需要通过制定相应算法从而得到一个较优的解决方案。具体到计算机程序设计范畴，算法的设计就显得更为重要了，从简单的排序和查找，到复杂的数据挖掘、人工智能，所有问题的背后无不对应着算法的制定和不断的优化。

用于实现算法的程序设计语言非常多，无论 VC、C#、VB、Python，还是 J2ME 等开发环境，其实都只是一种工具，它们的语法并不难学，真正核心的内容是使用这些程序设计语言来进行算法的设计，这才是最能体现知识产权的部分。

因此，通过学习算法可提升读者有条理的思考与表达能力，提高读者的逻辑思维能力，最终提高读者更好地解决实际问题的能力。

1.2.2 实例

对同一个问题求解而设计的不同算法，在效率方面往往是天差地别。这个差别可能要比因为硬件和软件性能造成的差别要重要得多。下面使用两个案例来进行说明。

1. 二分法猜数字

猜数字游戏一直都是一个经典游戏，游戏的规则是：计算机随机生成一个 1 ~ 100 之间的数字，竞猜者每次在计算机输入一个 1 ~ 100 之间的自然数，计算机会根据竞猜者输入的数字，相应地给出“大了”或“小了”的提示，直到竞猜者猜对为止。

例如，随机生成的数字为 64，则一般竞猜者很可能会按以下方式去猜：

竞猜者：90

计算机：大了

竞猜者：85

计算机：大了

竞猜者：80

计算机：大了

竞猜者：75

计算机：大了

竞猜者：70

计算机：大了

竞猜者：65

计算机：大了

竞猜者：60

计算机：小了

竞猜者：61

计算机：小了

竞猜者：62

计算机：小了

竞猜者：63

计算机：小了

竞猜者：64

计算机：恭喜你，答对了！

该游戏竞猜者的思想是：数字在 100 以下，因此从 90 开始竞猜，然后以 5 为单位递减，逐步向随机数字靠近，当所猜数字低于随机数字时，再以 1 为单位递增，即可快速猜中。这是一种很常见的算法，使用该算法竞猜者试猜了 11 次猜出该随机数字。但是如果随机生成的数字是一个非常小的数字，使用这种算法就需要更多的试猜次数了。除此之外还有没有更好的办法呢？答案是肯定的。如果竞猜者学习过算法设计中的二分法，肯定就能用更少的次数猜到这个数字。使用二分法具体的竞猜过程如下：

竞猜者：50

计算机：小了

竞猜者：75

计算机：大了

竞猜者：62

计算机：小了

竞猜者：68

计算机：大了

竞猜者：65

计算机：大了

竞猜者：63

计算机：小了

竞猜者：64

计算机：恭喜你，答对了！

该游戏竞猜者的算法思想是：首先根据随机数字在 1 ~ 100 之间，得出中间数 50，如果随机数字比 50 高，再调整数字区间为 51 ~ 100，再取其中间值 75，各次竞猜的过程如表 1.3 所示：

表 1.3 二分法猜数字

次数	区间	中间值
第 1 次	1 ~ 100	50
第 2 次	51 ~ 100	75

续表

次数	区间	中间值
第 3 次	51 ~ 75	62
第 4 次	62 ~ 75	68
第 5 次	62 ~ 68	65
第 6 次	62 ~ 65	63
第 7 次	63 ~ 65	64

二分法的关键就是计算竞猜区间的中间值，这个中间值不要求非常准确，取近似值就可以，然后通过提示将中间值替换为区间的上限或者下限，以此将竞猜区间逐步缩小，直到最后猜中。使用二分法，游戏竞猜者试猜了 7 次就猜出了随机数字。

其实这就是一个比较简单的数据查找问题，比较下两种解题算法，第 1 种算法共试猜了 11 次，如果随机数字更小，可能还需要增加试猜次数；第 2 种二分算法共试猜了 7 次，比第 1 种算法少 4 次，效率提高近 40%，而且无论随机数是多少竞猜的次数都不会发生太大的变化。由此可以看出，使用更好的算法去解决问题可直接影响到解题效率。

2. 插入排序与归并排序

如果第一个例子中查找算法因为问题比较简单、规模有限，所以算法之间的对比差距并不是十分明显，那么下面这个例子中将继续扩大问题规模，比较两个用于排序的算法，这两个算法的原理会在后面的章节中详细讲述，本例中只使用两个算法已知的时间复杂度来进行对比。第一个算法是插入排序，假设待排序项为 n 个，则该算法的时间复杂度量级为平方阶，即该算法所花时间大致与 n^2 成正比。第二个算法是归并排序，同样待排序项为 n 个时，则该算法的时间复杂度量级为线性对数阶。就两个算法的程序运行时间来说，归并排序的量级 $n\lg$ 对插入排序的量级 n 优势十分明显。

使用一个具体的例子来说明，运行插入排序的计算机 A 与运行归并排序的计算机 B 竞争，每台计算机需要对一个含有 1000 万个数的数组进行排序。假设计算机 A 每秒执行 100 亿条指令，而计算机 B 每秒仅执行 1000 万条指令，即计算机 A 的计算能力比计算机 B 快 1000 倍。为使差别更大，假设世界上最厉害的程序员为计算机 A 用插入排序算法编程，将 O 系数降为比较低的 2，最终插入排序的代码需要执行 $2n^2$ 条指令；而仅由一名普通程序员为计算机 B 使用归并排序算法编程，将 O 系数升为比较高的 50，结果代码需要执行 $50n\lg n$ 条指令，最后得出为了排序 1000 万个数，计算机 A 和计算机 B 所需时间可见；使用时间复杂度较小的算法，即使编译环境和硬件性能有着种种差距，随着问题规模的增大，归并排序的相对优势会越来越大。

应该像看待计算机硬件一样把算法看成是一种技术，当前的计算机系统性能不仅依赖于快速的硬件，而且还依赖于选择高效的算法。如今其他计算机技术正在快速推进，算法同样也在快速发展，随着计算机性能不断增强，求解问题的规模也越来越大，而正是在问题规模较大时，算法之间效率的差别才变得更为突出。所以算法才是当代计算机科学中大多数技术的核心。

第 2 章　数学基础

2.1　复杂度分类

复杂性理论所研究的资源中最常见的是时间复杂度和空间复杂度。而其他资源，比如在并行计算中涉及的并行处理器个数，也可以加入考虑范围内。时间复杂度是判断一个算法优劣的重要指标，其是指完成一个算法所需要的时间。时间复杂度越小，说明该算法执行效率越高，那么该算法就越有价值，反之亦然。空间复杂度是指计算机科学领域完成一个算法所需要占用的存储空间，一般是输入参数的函数。同样的，空间复杂度是判断一个算法优劣的重要指标，在一般情况下，空间复杂度越小，算法越好。

由于在程序中，程序分配的空间一般都是足够的，除非你的算法非常复杂，不过一般这样的算法也很难被接受，所以这里我们重点讲解一下时间复杂度。

在一个算法中，其核心语句执行的次数称为语句频度或时间频度，记为 $T(n)$。n 称为问题的规模，当 n 不断变化时，时间频度 $T(n)$ 也会不断变化。而其变化规律，往往是我们想知道的。

在通常情况下，算法中基本操作重复执行的次数，通常用 n 的某个函数 $T(n)$ 表示问题规模。若有某个辅助函数 $f(n)$，即当 n 趋近于无穷大时，$T(n)/f(n)$ 的极限值为不等于零的常数，那么则称 $f(n)$ 是 $T(n)$ 的同数量级函数。记作 $T(n)/O(f(n))$，称为算法的渐进时间复杂度。

时间频度不相同时，渐进时间复杂度 $O(f(n))$ 有可能相同，如 $T(n)=n^2+3n+4$ 与 $T(n)=4n^2+2n+1$ 它们的频度不同，但时间复杂度相同，都为 $O(n^2)$。现在我们对时间复杂度概念的描述进行一下总结：

$T(n)$，语句频度，时间频度，亦称为时间复杂度。

$O(f(n))$，渐进时间复杂度。

其中，$T(n)$ 是某个算法的时间耗费，其所表达的即为问题规模 n 的函数，而 $O(f(n))$ 是指当问题规模趋向无穷大时，该算法时间复杂度的数量级。算法的渐进时间复杂度 $O(f(n))$ 就是我们评价一个算法的时间性能的主要标准，因此，当我们在进行算法分析时，并不会对两者进行区分，而是经常将渐进时间复杂度 $T(n)=O(f(n))$ 简称为时间复杂度，其中 $f(n)$ 一般是算法中频度最大的语句频度。

注意：算法中语句的频度与多种因素相关，比如问题规模、输入实例中各元素的取值等等。在实际分析中，考虑在最坏的情况下的时间复杂度是必要的，以保证算法的运行时间不会比它更长。

常见的时间复杂度，按数量级递增排列依次为：常数阶 $O(1)$、对数阶 $O(\log_2^n)$ 或 $O(\lg^n)$、线性阶 $O(n)$、平方阶 $O(n^2)$、立方阶 $O(n^3)$、k 次方阶 $O(n^k)$、指数阶 $O(2^n)$。

设函数 $f(n)=100n^3+n^2+1000$、$g(n)=25n^3+5000n^2$、$h(n)=n^{1.5}+5000n\lg^2$，请判断下列关系是否成立：

(1) $f(n)=O(g(n))$

(2) $g(n)=O(f(n))$

(3) $h(n)=O(g(n^{1.5}))$

(4) $f(n)=O(g(n\lg^n))$

这里再次强调一下渐进时间复杂度的表示方式，即 $T(n)=O(f(n))$，这里的“O”是数学符号，它的严格定义是若 $T(n)$ 和 $f(n)$ 是定义在正整数集合上的两个函数，则 $T(n)=O(f(n))$，表示存在正常数 C 和 n_0，使得当 $n \geqslant n_0$ 时都满足 $0 \leqslant T(n) \leqslant C \times f(n)$。

(1) 成立，当 $n \to \infty$ 时，由于两个函数的最高次项都是 n^3，即两个函数的比值是一个常数，所以这个关系式是成立的。

(2) 成立，与上同理。

(3) 成立，与上同理。

(4) 不成立，当 $n \to \infty$ 时，由于 $n^{1.5}$ 比 $n\lg^n$ 递增得快，所以 $h(n)$ 与 $n\lg^n$ 的比值不是常数，故不成立。

从概念中我们知道，要求时间复杂度 $O(f(n))$，就必须要知道算法中频度最大的语句频度 $f(n)$，那么要求最大的语句频度 $f(n)$，就必须要知道算法的语句频度。

一般总的思路就是 $T(n) \to f(n) \to O(f(n))$。有时候可以直接找到算法中频度最大的语句，直接算出 $f(n)$，然后写出 $O(f(n))$。

2.2 概率论

1. 随机事件及其概率吸收律：

$$A-B=A\overline{B}=A-(AB)$$

反演律：$\overline{A \cup B}=\overline{A}\,\overline{B}$，$\overline{AB}=\overline{A} \cup \overline{B}$，$\overline{\bigcup_{i=1}^{n} A_i}=\bigcap_{i=1}^{n}\overline{A_i}$，$\overline{\bigcap_{i=1}^{n} A_i}=\bigcup_{i=1}^{n}\overline{A_i}$

2. 概率的定义及其计算：

$P(\overline{A})=1-P(A)$ 若 $A\subset B\Rightarrow P(B-A)=P(B)-P(A)$

对任意两个事件 A，B，有 $P(B-A)=P(B)-P(AB)$

加法公式：对任意两个事件 A，B，有

$$P(A\cup B)=P(A)+P(B)-P(AB)\Rightarrow P(A\cup B)\leqslant P(A)+P(B)$$

3. 条件概率：

$P(B|A)=\dfrac{P(AB)}{P(A)}$ 乘法公式 $P(AB)=P(A)P(B|A)(\mathrm{P}(A)>0)$

$$P(A_1A_2\cdots A_n)=P(A_1)P(A_2|A_1)\cdots P(A_n|A_1A_2\cdots A_{n-1})(P(An|A_1A_2\cdots A_{n-1})>0)$$

全概率公式：

$$P(A)=\sum_{i=1}^{n}P(AB_i)=\sum_{i=1}^{n}P(B_i)P(A|B_i)$$

Bayes 公式：$P(B_k|A)=\dfrac{P(AB_k)}{P(A)}=\dfrac{P(AB_k)}{\sum_{i=1}^{n}P(B_i)P(A|B_i)}$

4. 随机变量及其分布函数计算：

$$P(A<X\leqslant b)=P(X\leqslant b)-P(X\leqslant a)=F(b)-F(a)$$

5. 离散型随机变量

(1) 0－1 分布 $P(\mathrm{X}=k)=P^k(1-p)^{1-k}(k\in(0,1))$。

(2) 二项分布 $B(n,p)$ 若 $P(A)=p$，

$$P(X=k)=C_n^kp^k(1-p)^{n-k}(k=0,1\cdots,n)$$

2.3 组合学

组合数学是常见的知识点，从算法难度上来说，组合数学属于比较简单的算法，本章就介绍一些常见的算法。

2.3.1 鸽巢原理

鸽巢原理即抽屉原理，是组合数学中的基础原理。即“若有 n 个鸽子巢，n+1 只鸽子，则至少有一个巢内有两只或两只以上鸽子”。鸽巢原理的内容很简单，但它的应用却有着让人意想不到的功力。几个例子：

（1）证明：在序列（$a1$，$a2$，…，am）中存在连续个 a，这些元素的和能被 m 整除。如果枚举所有连续和，那么算法复杂度应该是 $O(n_2)$。但不管怎样，这种连续和的题都先预处理出从头到第 i 项的和 sum[i] 是没错的。假设这些和模 m 都有一个非零且不同的余数（如果是 0 或相同那就不用证明了），由于这些余数最多有 m–1 个，而 $m > m-1$，所以根据鸽巢原理，一定存在 sum[i] = sum[i]，于是问题得证。

（2）从整数 1，2，…，200 中选出 101 的整数。证明：所选的整数中存在这样的两个整数，其中一个可以被另一个整除。

这个证明最关键的地方在于：任意整数都可以写成（$a \times 2)^k$ 的形式，其中 $k \geqslant 0$，且 a 是奇数。有了这个后，我们把选的 101 个数都表示成这种形式，假定 a 都是不同的，且 k 也不同（相同就能整除了），由于 a 只有 100 种选择，而选了 101 个数，所以一定有两个 a 是相同的。

（3）确定一个整数 m，使得如果在边长为 1 的等边三角形内选任意 m 个点，则存在 2 个点，它们距离至多为 1/n。

答案：$n \times n$+1

鸽巢原理加强形式：

令（a_1，a_2，…，a_n）为正整数。如果将（a_1，a_2，…，a_n，a_n+1）个物体放到 n 个盒子中，则存在一个 i，使得第 i 个盒子至少含有 a_i 个物品。

典型题目：

一个袋子装了 100 个苹果，100 个香蕉，100 个橘子，100 个梨子。如果我们每分钟从袋子里取出 1 种水果，那么需要多少时间我就能肯定至少已经拿出 1 打相同种类的水果。

答案：(12–1) × 4–1

2.3.2 排列与组合

n 个元素集合的循环 r 次的排列公式：$\dfrac{P(n,r)}{r} = \dfrac{n!}{r \times (n-r)}$

对于不能直接运用公式的时候，可以用把某个元素固定在一个位置的思想。

2.3.3　二项式系数

Pascal 公式：$C(n, k) = C(n-1, k) + C(n-1, k-1)$

二项式系数递推式：$a[k+1] = a(k) \times (n-k) / (k+1)$

2.3.4　容斥原理

集合 S 不具有性质 $A_1, A_2, \cdots, A_m$ 的物体的个数：

$$|\overline{A_1} \cap \overline{A_2} \cap \cdots \overline{A_m}| = |S| - \sum |A_i| + \sum |A_i \cap A_j| + \cdots + (-1)^m | A_1 \cap A_2 \cap \cdots \cap A_m$$

至少具有性质 $a_1, a_2, \cdots$，a_m 之一的集合 S 的物体的个数：

$$| A_1 \cup A_2 \cup \cdots A_m| = \sum |A_i| + \sum | A_i \cap A_j| + \cdots + (-1)^{m+1} | A_1 \cap A_2 \cap \cdots \cap A_m$$

2.3.5　生成函数

生成函数（母函数）很适合算法中求解计数问题。首先，由于生成函数可以看成是代数对象，可以在其形式上通过代数手段进行处理，使其成为计算一个问题的可能性数目；其次，生成函数是无限可微分函数的泰勒级数。如果能够找到函数和它的泰勒级数，那么问题的解就是泰勒级数的系数，生成函数以非常紧凑的形式将无穷序列的信息浓缩于自身，下面例子可以很好解释生成函数的核心思想。

问题描述：确定可以由苹果、香蕉、橘子和梨等袋装水果的袋数 H_n，其中在每个袋子中苹果数是偶数，香蕉数是 5 的倍数，橘子数最多是 4 个，而梨的个数为 0 或 1。

$$\begin{aligned} g(x) &= (1+x_2+x_4+\cdots)(1+x_5+x_{10}+\cdots)(1+x+x_2+x_3+x_4)(1+x) \\ &= \frac{1}{1-x_2} \times \frac{1}{1-x_5} = \frac{1-x_5}{1-x} = (1+x) \\ &= \frac{1}{1-x_2} \\ &= \sum C(n+1, n) x_n \end{aligned}$$

所以，$H=n+1$ 这里用到了一个很重要的公式：

$g(x) = \dfrac{1}{1-x_2} = \sum C(n+k-1, n) x_n$，因为即使求出了母函数，也不容易直接得到它写成求和形式的表达式（这样才能得到所需的系数），而对于上面的特殊情况，可以方便地得到系数，如果和 FFT（快速傅立叶变换）结合起来，后者可以快速地计算多项式乘法。

2.4 代数学

程序设计中代数的知识非常少，这里我们主要简单介绍一下群的知识。给定一个集合 $G=\{a, b, c, \cdots\}$ 和集合 G 上的二元运算·，则满足如下条件：

1. 封闭性：若 $a, b \in G$，则存在 $c \in G$ 使得 $a \cdot b = c$；

2. 结合律：$(a \cdot b) \cdot c = a \cdot (b \cdot c)$；

3. 存在单位元：若 G 中存在一个元素 e，使得对于 G 中的任意元素 a，则恒有 $a \cdot e = e \cdot a = a$；

4. 存在逆元：若对 G 的任意元素 a，那么恒有一个 $b \in G$，使得 $a \cdot b = b \cdot a = e$，则元素 b 称为元素 a 的逆元素，记为 a^{-1}。

则称集合 G 在运算·之下是一个群，或称 G 是一个群。

例 1　$G=\{1, -1\}$ 在普通乘法下是群。

例 2　$G=\{0, 1, 2, \cdots, n-1\}$ 在 mod n 的加法下是群。

若为一个有限群，则其群元素的个数是有限的；同样，若为一个无限群，则群元素的个数是无限的。

若为一个交换群，则群 G 中的任意二元素 a，b 能够恒满足 $ab = ba$；设 G 是群，H 是 G 的子集，若 H 为 G 的一个子群，则 H 在 G 原有的运算之下也是一个群。

由于这部分内容用得非常少，所有本章节只给出群和子群的定义，有兴趣的读者可以自己进行深入学习。

2.5 博弈论

博弈的使用范围广，算法灵活，是数学、信息学中常会出现的一类算法，解答这类题目的一种方式是寻找必败状态，博弈类问题一般有如下特点：

（1）非合作博弈，即由两人完成轮流决策。两人都使用最优策略来轮流决策，以达到获胜的目的。

（2）由于博弈是有限的，因此，整个博弈过程会在有限步后决出胜负。

（3）为保证博弈公平，参加博弈的两人使用的决策需要遵循相同的规则。要理解这种思想，首先要明白什么叫必败态。必败态就是“无论己方在做出什么样的决策下，都会面临必败的局面”，那么其他的局面则称为胜态。这里需要我们注意的是，即使在胜态下，一旦做出错误的决策，也会导致失败。而此类博弈问题的重点，就是让对手恒面对必败态。

必败态和胜态有着如下性质：

（1）若面临最终状态者为获胜方，则最终状态为胜态，否则为必败态。

（2）某局面下进行某种决策后会成为必败态是一个局面是胜态的充要条件。

（3）某局面下无论进行何种决策均会成为胜态是一个局面是必败态的充要条件。

其中：A 点：当某玩家位于此点，只要对方无失误，那么己方则必败，即为必败点；

B 点：当某玩家位于此点，只要自己无失误，那么己方则必胜，即为必胜点。

这 3 条性质正是博弈树的原理，但博弈树是通过计算每一个局面是胜态还是必败态来解题，这样在局面数很多的情况下是很难做到的，此时，我们可以利用人脑的推演归纳能力找到必败态的共性，就可以比较好地解决此类问题了。

来看一个我们小时候经常玩的游戏：有 N 堆石子，两人轮流进行操作，每一次为“操作者指定一堆石子，先从中扔掉一部分（至少一颗，可以全部扔掉），然后可以将该堆剩下的石子中的任意多颗任意移到其他未取完的堆中”，操作者无法完成操作时为负。

分析：只有一堆时先手必胜。有两堆时若两堆相等，则后手只用和先手一样决策即可保证胜利，后手必胜。若不同，则先手可以使其变成相等的两堆，先手必胜。有三堆时先手只用一次决策即可将其变成两堆相等的局面，先手必胜。有四堆时由于三堆必胜，无论先手后手都想逼对方取完其中一堆，而只有在四堆都为一颗时才会有人取完其中一堆，联系前面的结论可以发现，只有当四堆可以分成两两相等的两堆时先手才会失败。

分析到这里，题目好像已经有了一些眉目了，凭借归纳猜想，我们猜测必败态的条件为“堆数为偶数（不妨设为 $2N$），并且可以分为两两相等的 N 对”。

下面只需证明一下这个猜想。其实证明这样的猜想很简单，只用检验是否满足必败态的 3 条性质即可。

首先，末状态为必败态，第一条性质符合。

其次，可以证明任何一个胜态都有策略变成必败态（分奇数堆和偶数堆两种情况讨论）。

最后，证明任何一个必败态都无法变成另一个必败态（比较简单）。

博弈的相关问题是很有趣的，例如巴什博弈：只有一堆 n 个物品，两个人参加博弈，轮流从物品堆中取物，规定每次至少取 1 个，最多取 m 个。最后取光者得胜。

显然，当 $n = m+1$ 时，由于规定要求一次最多只能取 m 个，即无论先取者拿走多少个，后取者都能够一次性拿走剩余的物品，即为后者取胜。因此可以推论出取胜法则：如果 $n = (m+1) \times r+s$，（公式中，r 为自然数，s 小于等于 m），那么先取者只要拿走 s 个物品，

若后取者取走 k（k 小于等于 m）个，那么先取者再取走 m+1–k 个，结果剩下 $(m+1)\times(r-1)$ 个，只要能够保持这样的方法，那么先取者必胜。总之，为了保证最后获胜，就要保证给对手留下 $(m+1)$ 的倍数的物品。

程序设计思路：通过每次输入，判断总数与可以拿取最多数目之间的关系，由此判断哪方能够获得胜利，程序设计源代码：

```
int fun ( )
{
    int  n, m;
        printf (“请输入物品总数与每次最多可以拿取的个数 \n”);
    while (scanf ("%d%d", &n, &m) !=EOF)
        {
        if(n % (m + 1) )
            printf (" 先手胜 \n");
        else
            printf (" 后手胜 \n");
            printf (" 请再次输入物品总数与每次最多可以拿取的个数 \n");
    }
return 0;
}
```

2.6　数论基础

在算法学习的过程中，经常可以看到数论问题的身影可以是纯数学问题，也可以是需要利用数学上的一些公式、定理、算法来辅助解决的问题。简而言之，数论就是研究整数的理论。在算法应用中，经常用到数论的相关知识，本章节给出算法中常用的整数理论。

2.6.1　辗转相除

辗转相除法的每一步计算的输出值即为下一步计算时的输入值，其是一种递归算法。设 k 表示步骤数（从 0 开始计数），算法的计算过程如下：每一步的输入都是前两次计算的余数 r_{k-1} 和 r_{k-2}。因为每一步计算出的余数都在不断减小，所以，r_{k-1} 小于 r_{k-2}。在第 k 步中，算法计算出满足以下等式的商 q_k 和 r_k 余数：

$r_{k-1} = q_k r_{k-1} + r_k$

其中 $r_k < r_{k-1}$。也就是 r_{k-2} 要不断减去 r_{k-1} 直到比 r_{k-1} 小。在第一步计算时（$k = 0$），设 r_{-2} 和 r_{-1} 分别等于 a 和 b，第 2 步（此时 $k = 1$）时计算（b）和 r_0（第一步计算产生的余数）相除产生的商和余数，以此类推。整个算法可以用如下等式表示：

$a = q_0 b + r_0$

$b = q_1 r_0 + r_1$

$r_0 = q_2 r_1 + r_2$

$r_1 = q_3 r_2 + r_3$

如果输入数据 $a < b$，则 a 和 b 相除得到的商等于 0，余数 r_0 等于 a。所以在运算的每一步中得出的余数一定小于上一步计算的余数（r_k 一定小于 r_{k-1}）。

因为余数不断减小，并且，余数不为负数，那么一定存在第 N 步时余数等于 0，实现算法终止，即 r_{N-1} 就是 a 和 b 的最大公约数。其中 N 不可能无穷大，因为在 r_0 和 0 之间只有有限个自然数。

其流程如图 2.1 所示：

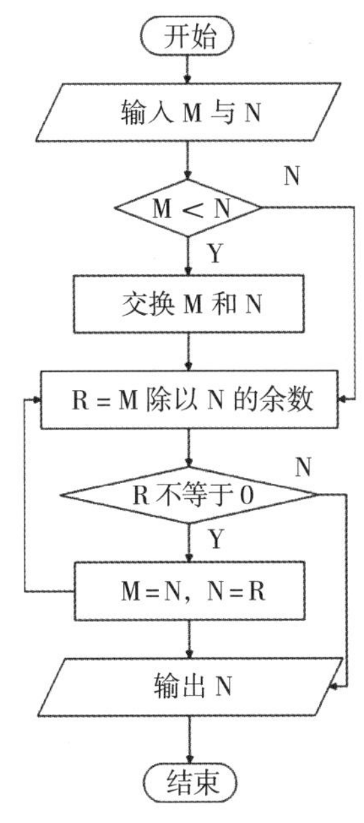

图 2.1　辗转相除求最大公约数流程图

程序设计源代码：

```
int MaxDivisor (int m, int n)
{
   int p = 0;
```

```
    p = m%n;
  while (p != 0)
    {
      m = n;
      n = p;
      p = m%n;
    }
    return n;
  }
```

2.6.2 同余定理

同余就是许多的数被同一个数去除，都有相同的余数。d 数学上的称谓为模。如 $a=6$，$b=1$，$d=5$，则我们说 a 和 d 是模同余的。因为他们都有相同的余数 1。

数学上的记法为：

$a \equiv b(\text{mod}d)$

可以看出当 $n<d$ 的时候，所有的 n 都对 d 同余，比如时钟上的小时数，都小于 12，所以小时数都是模 12 的同余。对于同余有 3 种说法都是等价的，分别为：

（1）a 和 b 是模 d 同余的。

（2）存在某个整数 n，使得 $a=b+nd$。

（3）d 整除 $a-b$。

可以通过换算得出上面 3 个结论都是正确而且是等价的。同余公式也有许多我们常见的定律，比如相等律，结合律，交换律，传递律。如下面的表示：

(1) $a \equiv a(\text{mod}d)$

(2) $a \equiv b(\text{mod}d) \rightarrow b \equiv a(\text{mod}d)$

(3) $(a \equiv b(\text{mod}d),\ b \equiv c(\text{mod}d)) \rightarrow a \equiv c(\text{mod}d)$

2.6.3 素数问题

一个数只能被 1 或其本身整除，这样的数即为素数。素数在信息安全领域占有举足轻重的作用，常被利用在密码学上，很多加密算法都是利用素数的特性实现的，本节就介绍判断素数的算法。

程序设计思路：使用穷举法实现一个数是否为素数的判定。即判断 n 是否为素数，则使用循环结构，那么 2~n-1，没有一个数可以整除 n，则 n 为素数。

程序设计源代码：

```
int prime (int n)
{
    int i;
    if (n <= 2)
        return 0;
    for (i=2;i<=n-1;i++)
        if (n%i == 0)
            return 0;
    return 1;
}
```

2.7 矩阵

在数学中，矩阵是一个按照长方阵列排列的复数或实数集合，最早来自方程组的系数及常数所构成的方阵。矩阵的作用广泛，在数学、物理学、计算机科学等，都属于常用工具，而且矩阵的运算还是数值分析领域的重要问题，矩阵的表达形式如图 2.2 所示：

$$\begin{bmatrix} a_{11} \ldots a_{1n} \\ \vdots \ \ddots \ \vdots \\ a_{m1} \ldots a_{mn} \end{bmatrix}$$

图 2.2 $m \times n$ 的矩阵

在计算机程序设计里，通常使用二维数据描述矩阵，即一个 $m \times n$ 的矩阵，可以表达为 $a\,[m][n]$ 的二维数据，而涉及矩阵的运算有矩阵相加、矩阵相减、矩阵相乘、矩阵的转置以及求矩阵的逆。

2.7.1 矩阵运算

（1）矩阵相加。矩阵加法一般是指两个矩阵把其相对应元素加在一起的运算，即两个 $m \times n$ 矩阵 A 和 B 的和，标记为 $A+B$，结果同样是一个 $m \times n$ 矩阵，其内的各元素为其相对应元素相加后的值。

$$\begin{bmatrix}1&2\\3&4\\5&6\end{bmatrix}+\begin{bmatrix}2&3\\4&5\\6&7\end{bmatrix}=\begin{bmatrix}3&5\\7&9\\11&13\end{bmatrix}$$

程序设计思路：可以使用二维数组存储矩阵，即申请 3 个二维数组，其中两个数组作为加法的加数，最后一个数组作为计算结果；在进行运算的时候，每次取出加数数组中相同位置的数据，完成加法运算后，将结果保存在结果数组的相同位置中，在完成所有位置的数据运算后，即可得到结果矩阵。

程序设计源代码：

```
void addition (int **a, int **b, int **ans, int m, int n)
{
    int i = 0;
    int j = 0;
    for (i=0;i<m;i++)
      for (i=0;j<n;j++)
         ans[i][j] = a[i][j] + b[i][j];
}
```

（2）矩阵相乘。矩阵相乘的算法比较复杂，矩阵相乘需要前面矩阵的列数与后面矩阵的行数相同方可相乘，即设 A 为 $m\times p$ 的矩阵，B 为 $p\times n$ 的矩阵，那么结果 C 为 $m\times n$ 的矩阵，其每一个元素为：

$$C_{jj}=\sum_{k=1}^{p}A_{ik}B_{ij}=A_{i1}B_{1j}+A_{i2}B_{2j}+\cdots+A_{ip}B_{pj}$$

程序设计思路：可以使用二维数组存储矩阵，即申请 3 个二维数组，2 个数组作为乘法的乘数，1 个数组作为计算结果；在进行运算的时候，每次取出第一个数组的第 i 行与第二个数组的第 j 列，完成运算后，将结果保存在结果数组的第 ij 位置处，在完成所有位置的数据运算后，即可得到结果矩阵。

程序设计源代码：

```
void multiplication (int **a, int **b, int **ans, int m, int p, int n)
{
    int k = 0, i = 0, j = 0;
    for(k = 0; k < n; k++)
        for(i = 0; i < m; i++)
        {
            ans[i][k] = 0;
```

```
            for( j = 0; j < p; j++)
                ans[i][k] += a[i][j] * b[j][k];
        }
}
```

2.7.2 矩阵转置

矩阵的转置，即设 A 是一个 $m \times n$ 的矩阵，其转置为 A 的行换成同序数的列得到一个 $n \times m$ 矩阵。

程序设计思路：可以使用二维数组存储矩阵，即申请 2 个二维数组，1 个数组作为初始数组，1 个数组作为结果数组；在进行运算的时候，每次取出第一个数组的第 i 行第 j 列元素，将其保存在结果数组的第 j 行第 i 列位置处，在完成所有位置的数据运算后，即可得到结果矩阵。

程序设计源代码：

```
void transpose (int **a, int **ans, int m, int n)
{
    int i = 0, j = 0;
    for(i = 0; k < n; k++)
        for(j = 0; i < m; i++)
            ans[j][i] = a[i][j];
}
```

2.7.3 矩阵的秩

矩阵的秩是线性代数中的一个概念。在线性代数中，一个矩阵 A 的列秩是 A 的线性独立的纵列的极大数目，行秩是 A 的线性无关的横行的极大数目。

2.8 习题

2-1. 将螺旋方阵保存在 $n \times n$ 的矩阵中，并输出。要求程序自动生成如下图所示的螺旋方阵，n 为程序输入。

$$\begin{bmatrix} 1 & 12 & 11 & 10 \\ 2 & 13 & 16 & 9 \\ 3 & 14 & 15 & 8 \\ 3 & 5 & 6 & 7 \end{bmatrix}$$

2–2. 求 3 个数的最大公约数与最小公倍数。

2–3. 验证哥德巴赫猜想。

2–4. 求黄金分割数。

2–5. 尼姆博弈：有 3 堆物品，各含物品若干。两个人进行博弈，轮流从某一堆取任意多的物品。博弈的规则为，每次至少取 1 个，最多不限，最后取光者得胜。

2–6. 使用牛顿迭代法求方程根。

第 3 章　数据结构

本章内容主要讲解数据结构的基本认识，虽然内容比较简单，但本章内容是后续章节的基础，所以希望读者能够认真理解本章内容。

3.1　线性表

3.1.1　线性表的定义

线性表是由零个或多个具有相同类型的数据元素组成的序列集合。表中的每个数据元素，除了第一个外，有且只有一个前件，除了最后一个外，有且只有一个后件。线性表中数据元素的个数称为线性表的长度。线性表可以为空表，或者可以表示为：

$$(a_1, a_2,\cdots, a_{i-1},\cdots, a_n)$$

其中，a_i 是数据对象的元素，通常表示线性表中的一个结点。每个数据元素都有一个确定的位置，如 a_1 是第一个元素，a_n 是最后一个数据元素，a_i 是第 i 个数据元素，称 i 为数据元素 a_i 在线性表中的位序。

非空线性表的结构特征：

(1) 有且只有一个根结点，即头结点，它无前件；

(2) 有且只有一个终结点，即尾结点，它无后件；

(3) 除了头结点与尾结点外，其他所有结点有且只有一个前件，也有且只有一个后件。

3.1.2　线性表的顺序存储结构

1. 顺序表的定义

线性表的顺序表指的是用一组地址连续的存储单元一次存储线性表的数据元素。

线性表的顺序存储结构具有以下两个基本特点：

(1) 线性表中的所有数据元素所占的存储单元地址是连续的；

（2）线性表中数据元素间的物理位置是按逻辑关系依次存放的。

a_i 的存储地址为：$ADR(a_i)=ADR(a_1)+(i-1)k$，$ADR(a_1)$ 为第一个元素的地址，k 代表每个元素占的字节数，如图 3.1 所示。

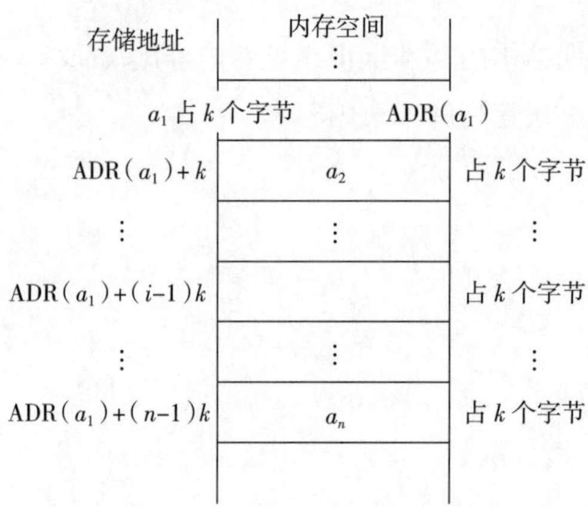

图 3.1　线性表顺序存储结构示意图

线性表的上述表示称作线性表的顺序存储结构，这种线性表称为顺序表。表中每一个元素的存储位置都和线性表的起始位置相差一个数据元素在线性表中的位序成正比的常数。因此只要确定线性表的起始位置，线性表中各个数据元素都可以进行随机存取。顺序表的存储结构是随机存取的。

2. 顺序表的运算

顺序表的运算有插入、删除、查找 3 种。

（1）顺序表的插入运算。

顺序表的插入运算是指在表的第 i|（$1 \leqslant i \leqslant n+1$）个位置上，插入一个新结点 x，使长度为 n 的线性表：

$$(\mathrm{a}_1, a_2,\cdots, a_{i-1}, a_i,\cdots, a_n)$$

变成长度为 $n+1$ 的线性表：

$$(\mathrm{a}_1, a_2,\cdots, a_{i-1}, x, a_i,\cdots, a_n)$$

顺序表的插入运算需要移动元素，在等概率情况下，平均需要移动 $n/2$ 个元素。因此算法的时间复杂度为 $O(n)$。

（2）顺序表的删除运算。

顺序表的删除运算是指将表的第 i|（$1 \leqslant i \leqslant n$）个结点删除，使长度为 n 的线性表：

$$(\mathrm{a}_1, a_2,\cdots, a_{i-1}, a_i, a_{i+1},\cdots, a_n)$$

变成长度为 n–1 的线性表：

$$(a_1, a_2, \cdots, a_{i-1}, a_{i+1}, \cdots, a_n)$$

进行顺序表的删除运算时也需要移动元素，在等概率情况下，平均需要移动 $(n-1)/2$ 个元素，平均时间复杂度为 $O(n)$。

（3）顺序表的查找运算。

顺序存储的有序表主要采用二分查找。在此所说的有序表是指线性表中的元素按值非递减排列（从小到大，但允许相邻元素值相等）。它采用表的中间位置元素与查找元素比较来缩小查找范围，加速查找。

设有序线性表长度为 n，被查找的元素为 x，则二分查找的过程如下：

第一步若中间项（中间项 $mid = (n-1)/2$，mid 的值四舍五入取整）的值等于 x，则说明已查到；

第二步若 x 小于中间项的值，则在线性表的前半部分查找；

第三步若 x 大于中间项的值，则在线性表的后半部分查找。

在长度为 n 的有序线性表中进行二分法查找，最坏的情况下，需要比较 $\lfloor \log_2^n \rfloor$ 次，其时间复杂度为 $O(\log_2^n)$。

如果线性表是无序表（表中的元素是无序的），则不管是顺序存储结构还是链式存储结构，都只能用顺序查找。在平均情况下，利用顺序查找法在线性表中查找一个元素，大约要与线性表中一半的元素进行比较，最坏情况下需要比较 n 次，所以顺序查找一个具有 n 个元素的线性表，其时间复杂度为 $O(n)$。

3.1.3 线性表的链式存储结构

1. 线性链表的定义

（1）线性表顺序存储的缺点。

①在一般情况下，要在顺序存储的线性表中插入或删除一个元素时，为了保证插入或删除后的线性表仍然为顺序存储，则在插入或删除过程中需要移动大量的数据元素。因此采用顺序存储结构进行插入和删除运算效率很低；

②当为一个线性表分配顺序存储空间后，如果出现线性表的存储空间已满，但还需要插入新的元素时就会发生“上溢”错误；

③计算机空间得不到充分利用，并且不便于对存储空间的动态分配。

（2）线性链表的基本概念。

线性表的链式存储结构称为线性链表，数据结构中的任意一个结点对应一个存储空间单元，这种存储空间单元称为结点，线性链表的结点由两部分组成，分别是一部分用于存放数据元素，称为数据域；另一部分用于存放存储单元的地址，称为指针域，用于指向前继或后继结点。如图 3.2 所示。

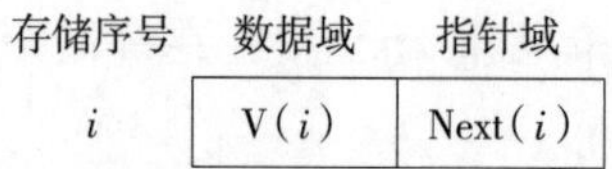

图 3.2　线性表的一个存储结点

在定义链表中，如果只有一个指针域存放下一个数据元素存储地址，把这样的链表称为单链表或者线性链表，如图 3.3 所示。在线性链表中，HEAD 称为头指针，如果 HEAD = NULL（或 0）称为空表。

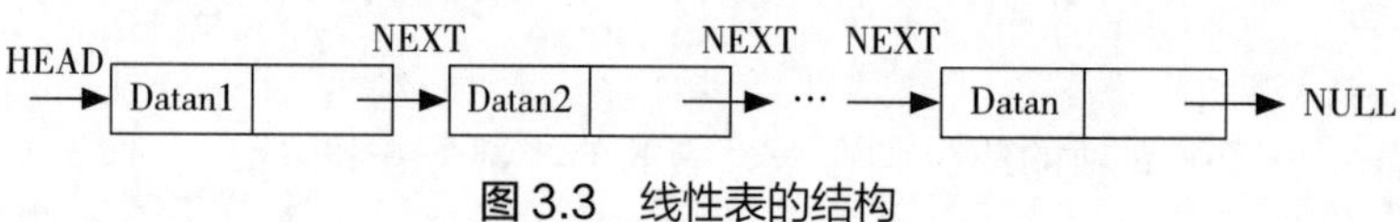

图 3.3　线性表的结构

在链式存储结构中，存储空间可以不连续，数据元素之间的逻辑关系是由指针域来确定的，因此各个数据元素的结点的存储顺序与数据元素之间的逻辑关系是可以不一致的。链式存储的方式可用于表示线性结构或非线性结构。

2. 线性链表的基本运算

线性链表的基本运算主要有插入、删除、合并、分解、逆转、复制、排序、查找。

（1）线性链表的插入。

线性链表的插入是指在链式存储结构下的线性表中插入一个新元素，如图 3.4 所示。

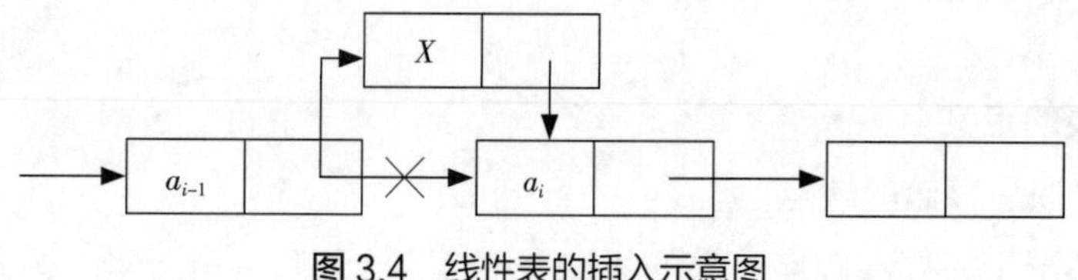

图 3.4　线性表的插入示意图

（2）线性链表的删除。

线性链表的删除是指在链式存储结构下的线性链表中删除包含指定元素的结点，如图 3.5 所示。

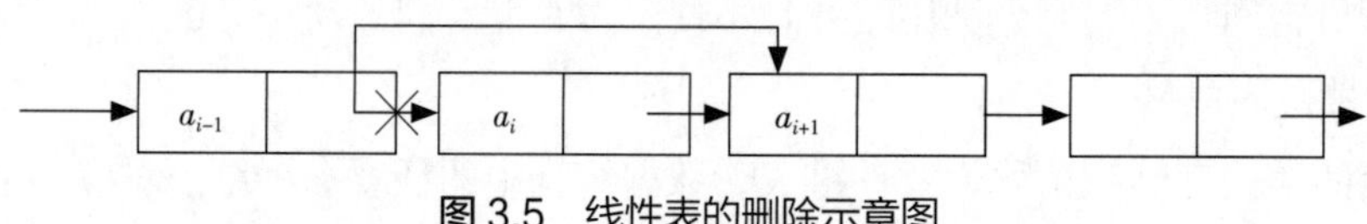

图 3.5　线性表的删除示意图

（3）线性链表中查找指定的元素。

在线性链表中查找元素 X：从头指针指向的结点开始往后沿指针进行扫描，直到后继结点为空或当前结点的数据域为 X 为止。

元素的查找，经常是为了进行插入或删除操作而进行的，因此，在查找时，往往是需要记录下该结点的前一个结点。

3. 循环链表和双向链表

（1）循环链表。

在线性链表中，虽然数据元素的插入和删除操作比较简单，但由于它对头结点和空表需要单独处理，使得空表与非空表的处理不一致。

循环链表的结构特点是表中最后一个结点的指针域不再是空，而是指向表头结点，整个链表形成一个环，如图 3.6 所示。循环链表的插入和删除的方法与线性单链表基本相同。如果双向链表的链构成一个循环链表，则会得到双向循环链表。

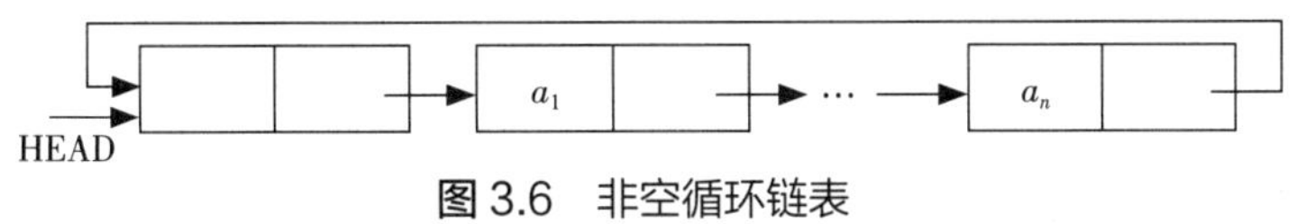

图 3.6　非空循环链表

在循环链表中，只要指出表中任何一个结点的位置，均可以从它开始扫描到所有的结点，而线性链表做不到，线性链表是一种单向的链表，只能按照指针的方向进行扫描。

（2）双向链表。

在单链表中，从某个结点出发可以直接找到它的直接后件，但无法直接找到它的直接前件。为了能够快速找到一个结点的直接前件，可以在单链表中的结点增加一个指针域指向它的直接前件，左指针指向前件结点，右指针指向后件结点，这样的链表，就称为双向链表（一个结点中含有两个指针），如图 3.7 所示。

图 3.7　非空双向链表

3.2 栈和队列

3.2.1 栈

1. 栈的基本概念

栈是一种操作受限的线性表，只允许在一端进行插入与删除运算，称为栈顶（Top），另一端不允许插入与删除的称为栈底（Bottom）。不含数据元素的栈称为空栈。

栈按照“先进后出（FILO，First In Last Out）”或“后进先出（LIFO，Last In First Out）”组织数据，栈具有记忆作用。例如，设栈中有元素（$a_0, a_1, a_2, \cdots, a_n$,），称 a_0 是栈底元素，a_n 是栈顶元素。往栈顶插入一个元素称为入栈运算，要置于 a_n 之上；从栈中删除一个元素（删除栈顶元素）称为退栈运算。这就形成了“先进后出（FILO）”或“后进先出（LIFO）”的操作原则，如图 3.8 所示。

2. 栈的顺序存储及其运算

栈的基本运算包括 3 种：插入（入栈）、删除（出栈）和读取栈顶元素。

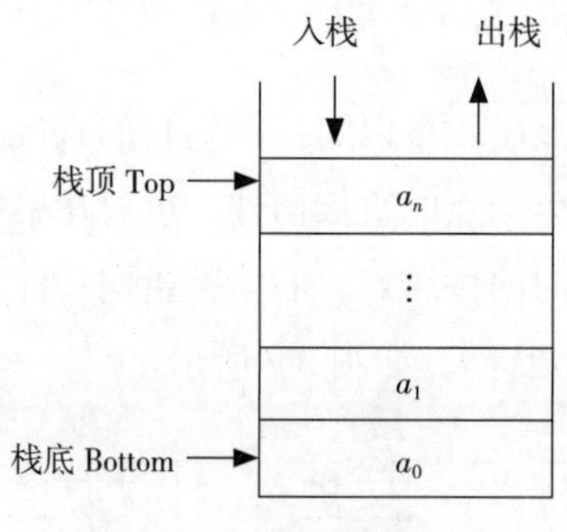

图 3.8　栈操作示意图

（1）入栈运算：在栈顶位置插入一个新元素，栈顶指针 Top 加 1；

（2）出栈运算：取出栈顶元素并赋给一个指定变量，栈顶的指针 Top 减 1。当 Top 为 0 时，说明栈为空，不可进行退栈操作；

（3）读取栈顶元素：将栈顶元素赋给一个指定变量，栈顶的指针 Top 不变。当 Top 为 0 时，说明栈为空，读取不到栈顶的元素。

3.2.2 队列

1. 队列的基本概念

队列是一种操作受限的线性表，允许在一端进行删除，在另一端进行插入的顺序表，通常将允许删除的一端称为队头（Front），允许插入的一端称为队尾（Rear），当队列中没有元素时称为空队列，如图 3.9 所示。

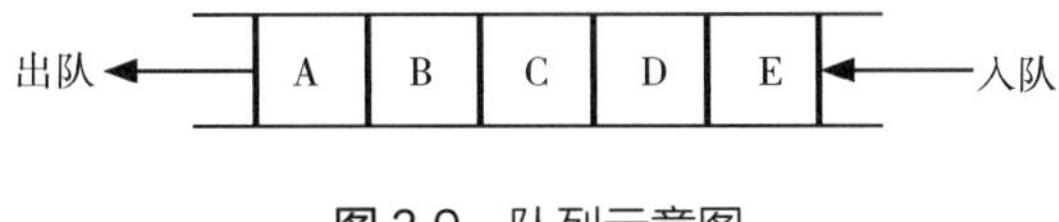

图 3.9 队列示意图

队列是“先进先出（FIFO, First In First Out）”或“后进后出（LILO, Last In Last Out）”的线性表。从队尾插入一个元素称为入队运算，从队头删除一个元素称为退队运算。

2. 循环队列及运算

循环队列是队列的一种特殊形式，是把顺序队列首尾相连，形成逻辑上的一个环状空间。在循环队列中，用队头指针（Front）指向排头元素的前一个位置，用队尾指针（Rear）指向队列中的队尾元素，因此，从队尾指针（Rear）指向的前一个位置直到队头指针（Front）指向的位置之间所有元素都是队列中元素，循环队列元素个数 *Rear*–Front。

每进行一次入队运算，队尾指针就进一。当 Rear = m+1 时，则置 Rear = 1，将新的元素插入到队尾指针指向位置。每进行一次退队运算，队头指针就进一。当 Front = m+1 时，则置 Front = 1，然后将队头指针指向的元素赋给指定的变量。

在循环队列中，当 Front = Rear 时，不能确定队列是满还空。在使用循环队列的时候，为了能区分队列是满还是空，通常还需增加一个标志位 S, S 值的定义如下：

$$S\begin{cases}0 & \text{表示队列为空}\\1 & \text{表示队列为空}\end{cases}$$

由此可以得出队列空与队列满的条件，即：队列空的条件为 $S=0$；队列满的条件为 $S=1$，而且 Front = Rear；假设循环队列的初始状态为空，即 $S=0$，且 Front = Rear = m。

3.3 排序

排序算法经常作为数据预处理的一部分来使用，本节主要介绍一些常用的排序算法。

3.3.1 冒泡排序

冒泡排序是一种极其简单的排序算法，它反复地访问要排序的数列，依次比较相邻两个元素，如果它们的顺序错误就把它们进行交换，访问数列的操作需要重复进行直到不再交换元素，表示该数列完成排序。

算法描述：

（1）比较相邻的两个元素，如果前一个比后一个大，则交换；

（2）对每一对相邻元素执行步骤 1 的操作，这样在最后的元素应该是最大的数；

（3）重复以上步骤直至，直到排序完成。

算法时间复杂度：此算法外循环 $n-1$ 次，在一般情况下内循环平均比较次数的数量级为 $O(n)$，所以算法总时间复杂度为 $O(n^2)$。

下面以对 3 2 4 1 进行冒泡排序说明。

第一趟排序过程：

3 2 4 1 （最初）

2 3 4 2 （比较 3 和 2，交换）

2 3 4 1 （比较 3 和 4，不交换）

2 3 1 4 （比较 4 和 1，交换）

第一趟结束，最大的数 4 已经在最后面，因此第二轮排序只需要对前面 3 个数进行再比较。

第二趟排序过程：

2 3 1 4 （第一轮排序结果）

2 3 1 4 （比较 2 和 3，不交换）

2 1 3 4 （比较 3 和 1，交换

第二趟结束，第二大的数已经排在倒数第二个位置，所以第三轮只需要比较前两个元素。

第三趟排序过程：

2 1 3 4 （第二轮排序结果）

1 2 3 4 （比较 2 和 1，交换）

至此，排序结束。

代码实现：

```
void BubbleSort (int a[],int n)
{
   int i,j, tmp;
```

```
    for(i = 0; i <n-1; i++)
        for(j = 0; j < n-i-1; j++)
            if(a[j] > a[j+1])
            {
                tmp = a[j];
                a[j] = a[j+1];
                a[j+1] = tmp;
            }
}
```

3.3.2　选择排序

选择排序是一种简单直观的排序算法，其工作原理为：每一次从未排序数据元素中找到最小（或最大）的元素，将其存放到排序序列的起始（结尾）位置，直到全部数据元素排完。

算法描述

n 个数据元素的选择排序要经过 n–1 趟排序得到有序结果。

具体算法描述如下：

第 1 趟，在待排序数列 r[1]~r[n] 中选出最小的元素，将它与 r[1] 交换；

第 2 趟，在待排序数列 r[2]~r[n] 中选出最小的元素，将它与 r[2] 交换；

以此类推，第 i 趟在待排序数列 r[i]~r[n] 中选出最小的元素，将它与 r[i] 交换，使有序数列不断增长直到全部排序完毕。

算法时间复杂度：此算法外循环 n–1 次，在一般情况下内循环平均比较次数的数量级为 $O(n)$，所以算法总时间复杂度为 $O(n^2)$。

以下为简单选择排序说明：

初始序列：{2 4 7 1 6 9 8 3 0 5}

第 1 趟：2 与 0 交换：0{4 7 1 6 9 8 3 2 5}

第 2 趟：0 不动，4 与 1 交换：0 1{7 4 6 9 8 3 2 5}

第 3 趟：7 与 2 交换：0 1 2{4 6 9 8 3 7 5}

第 4 趟：4 与 3 交换：0 1 2 3{6 9 8 4 7 5}

第 5 趟：6 与 4 交换：0 1 2 3 4{9 8 6 7 5}

第 6 趟：9 与 5 交换：0 1 2 3 4 5{8 6 7 9}

第 7 趟：8 与 6 交换：0 1 2 3 4 5 6{8 7 9}

第 8 趟：8 与 7 交换：0 1 2 3 4 5 6 7{8 9}

第 9 趟：排序完成

代码实现：

```
void SelectionSort (int a[], int n)
{
    int i, j, k, tmp;
    for(i = 0; i <n - 1; i++)
{
        k = i;
        for(j = i + 1; j <n; j++)
{
            if(a[j] < a[k])
                k = j;
        }
        tmp = a[k];
        a[k] = a[i];
        a[i] = tmp;
    }
}
```

3.3.3 插入排序

方法：把待排序序列分成两部分，一部分是有序数列，其初始只包含待排序数列中的第一个元素；待排序数列中的其余元素作为另外一部分；然后把第二部分的数列逐一插入第一部分的有序数列中并保持该序列一直有序。在有序序列中插入一个元素，可以由后向前搜索，也可以由前向后搜索插入位置。

算法时间复杂度：此算法外循环 n–1 次，在一般情况下内循环平均比较次数的数量级为 $O(n)$，所以算法总时间复杂度为 $O(n^2)$。

设有一组关键字序列{55，22，44，11，33}，这里，即有 $n = 5$ 个元素，若按由小到大的顺序排序，排序过程如下所示：

第一趟：[55] 22 44 11 33

第二趟：[22 55] 44 11 33

第三趟：[22 44 55] 11 33

第四趟：[11 22 44 55] 33

第五趟：[11 22 33 44 55]

代码实现：

```
void InsertionSort (int a[], int n)
{
  int i, j, tmp;
  for(i = 1; i < n; i++)
{
    if(a[i] < a[i-1])
{
      tmp = a[i];
      for(j = i - 1; j >= 0 && a[j] > tmp; j--)
        a[j+1] = a[j];
      a[j+1] = tmp;
    }
  }
}
```

3.3.4 快速排序

快速排序由霍尔提出，它是一种对冒泡排序的改进。由于其排序速度快，故称快速排序。快速排序方法的实质是将一组关键字 $[K_1, K_2,\cdots, K_n]$ 进行分区交换排序。

算法思路：

（1）以第一个关键字 K_1 为控制字，将 $[K_1, K_2,\cdots, K_n]$ 分成两个子区，使左区所有关键字小于等于 K_1，右区所有关键字大于等于 K_1，最后控制字居于两个子区中间的适当位置，此时子区域数据尚处于无序状态。

（2）将右区首、尾指针（元素的下标号）保存入栈，对左区进行与第 1 步相类似的处理，又得到它的左子区和右子区，控制字居中。

（3）后退栈对一个右子区进行相类似的处理，直到栈空。

由以上 3 步可以看出：快速排序算法总框架是进行多趟的分区处理，而对某一特定子区，则应作为一个待排序的数列，控制字总是取子区中第一个元素的关键字。此时设计一个排序函数，它仅对某一待排序数列进行左、右子区的划分，使控制字居中，再设计一个主体框架函数 quicksort，多次调用排序函数以实现对整个文件的排序。

快速排序的非递归算法引用了辅助栈，它的深度为 $\log^n$。假设每一次分区处理所得的两个子区长度相近，那么可入栈的子区长度分别为：$\frac{n}{(2\times1)}$，$\frac{n}{(2\times2)}$，$\frac{n}{(2\times3)}$，$\frac{n}{(2\times4)}$，…，

$\frac{n}{(2\times k)}$。又因为$\frac{n}{(2\times 1)}=1$，所以 $k=\log^{2(n)}$。分母中 2 的指数恰好反映出需要入栈的子区个数，它就是 $\log_n^2$，即栈的深度。在最坏情况下，比如原文件关键字已经有序，每次分区处理仅能得到一个子区。可入的子区个数接近 n，此时栈的最大深度为 n。

快速排序主体算法时间运算量约 $O(\log^{2(n)})$，划分子区函数运算量约 $O(\log^{2(n)})$，所以总的时间复杂度为 $O(\log^{2(n)})$，它显然优于冒泡排序 $O(n^2)$。可是算法的优势并不是绝对的。当原数列关键字有序时，快速排序时间复杂度是 $O(n^2)$，这种情况下快速排序不快。而这种情况的冒泡排序的时间复杂度是 $O(n)$。反而很快在原数列关键字无序时的多种排序方法中，快速排序被认为是最好的一种排序方法。

例：试用 [6，7，5(1)，2，5(2)，8] 进行快速排序。

排序过程简述如下：

初始状态 6　7　5(1)　2　5(2)　8

　　　　[5(2)　7　5(1)]　6　[7　8]

　　　　[2]　5(2)　[5(1)]　6　7　[8]

最后状态 [2　5(2)　5(1)　6　7　8]

代码实现：

```
void QuickSort (int a[], int maxlen, int begin, int end)
{
   int i, j;
   if(begin < end)
{
      i = begin + 1;
      j = end;
      while (i < j)
{
         if (a[i] > a[begin])
{
            swap (&a[i], &a[j]) ;
            j--;
            }
else
            i++;
      }
      if(a[i] >= a[begin])
```

```
            i--;
        swap（&a[begin], &a[i]）;
        QuickSort（a, maxlen, begin, i）;
        QuickSort（a, maxlen, j, end）;
    }
}
void swap（int *a, int *b）
{
    int temp;
    temp = *a;
    *a = *b;
    *b = temp;
}
```

3.3.5　归并排序

归并（Merge）排序是建立在归并操作上的一种有效的排序算法，该算法是采用分治法的一个非常典型的应用。把待排序序列分为若干个子序列，每个子序列是有序的。然后再把有序子序列合并为整体有序序列。得到完全有序的序列，即先使每个子序列有序，再使子序列段间有序。若将两个有序表合并成一个有序表，称为二路归并。归并排序是一种稳定的排序方法。

假设我们有一个没有排好序的序列，那么首先我们使用分割的办法将这个序列分割成一个一个已经排好序的子序列，然后再利用归并的方法将一个个的子序列合并成排序好的序列。分割和归并的过程可以见图 3.10。

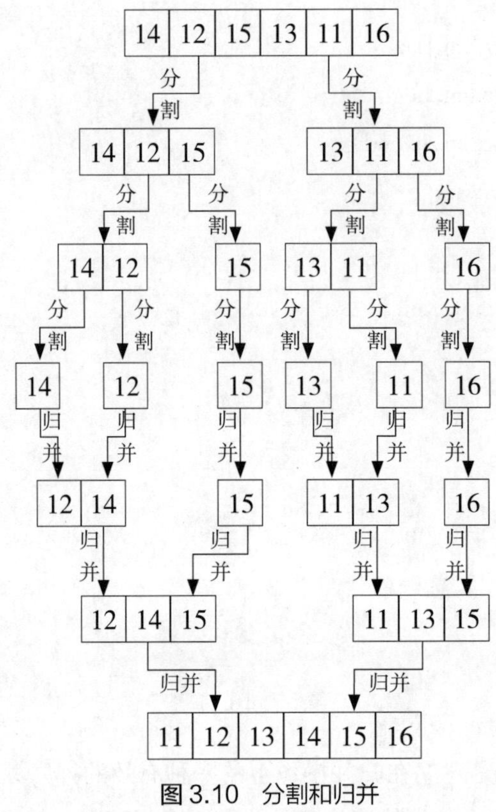

图 3.10 分割和归并

从图 3.10 可以看出，我们首先把一个未排序的序列从中间分割成 2 部分，再把 2 部分分成 4 部分，依次分割下去，直到分割成一个一个的数据，再把这些数据两两归并到一起，使之有序，不停地归并，最后成为一个排好序的序列。

如何把两个已经排序好的子序列归并成一个排好序的序列呢？可以参看下面的方法。

假设我们有两个已经排序好的子序列。

序列 A：1 23 34 65

序列 B：2 13 14 87

那么可以按照下面的步骤将它们归并到一个序列中。

（1）首先设定一个新的数列 *C*[8]。

（2）*A*[0] 和 B[0] 比较，*A*[0]=1，*B*[0]=2，*A*[0] <B[0]，那么 *C*[0]=1

（3）*A*[1] 和 B[0] 比较，*A*[1]=23，*B*[0]=2，*A*[1]>B[0]，那么 *C*[1]=2

（4）*A*[1] 和 B[1] 比较，*A*[1]=23，*B*[1]=13，*A*[1]>B[1]，那么 *C*[2]=13

（5）*A*[1] 和 B[2] 比较，*A*[1]=23，*B*[2]=14，*A*[1]>B[2]，那么 *C*[3]=14

（6）*A*[1] 和 B[3] 比较，*A*[1]=23，*B*[3]=87，*A*[1]<B[3]，那么 *C*[4]=23

（7）*A*[2] 和 B[3] 比较，*A*[2]=34，*B*[3]=87，*A*[2]<B[3]，那么 *C*[5]=34

（8）*A*[3] 和 B[3] 比较，*A*[3]=65，*B*[3]=87，*A*[3]<B[3]，那么 *C*[6]=65

（9）最后将 $B[3]$ 复制到 C 中，那么 $C[7]=87$。归并完成。

代码实现：

```
#define MAX 100
void Merge (int SR[], int TR[], int i, int middle, int rightend)
{
    int j, k, l;
    for(k = i, j = middle + 1; i <= middle && j <= rightend; k++){
        if(SR[i] < SR[j])
            TR[k] = SR[i++];
        else
            TR[k] = SR[j++];
    }
    if(i <= middle)
        for(l = 0; l <= middle - i; l++)
            TR[k + l] = SR[i + l];
    if(j <= rightend)
        for(l = 0; l <= rightend - j; l++)
            TR[k + l] = SR[j + l];
}

void MergeSort (int *SR, int *TR1, int s, int t)
{
    int middle;
    int TR2[MAX + 1];
    if(s == t)
        TR1[s] = SR[s];
    else
{
        middle = (s + t) / 2;
        MergeSort (SR, TR2, s, middle) ;
        MergeSort (SR, TR2, middle + 1, t) ;
        Merge (TR2, TR1, s, middle, t) ;
    }
}
```

3.4 习题

3–1. 已知长度为 n 的线性表 A 采用顺序结构，编写算法，找出该线性表中最小数据元素的位置。

3–2. 对一个需要插入和删除操作较多的线性表，该线性表宜采用何种存储结构？为什么？

3–3. 已知一个无符号十进制正整数 *num*，编写一个非递归算法，依次打印 *num* 对应的八进制的各位数字。要求：算法中用到栈并 采用顺序存储结构。

3–4. 如果只想在一个有 n 个元素的任意序列中得到其中最小的第 n 个元素之前的部分排序序列，那么最好采用什么排序方法？为什么？例如有这样一个序列{503，017，512，908，170，897，275，653，612，154，509，612，677，094}，要得到其第 4 个元素之前的部分有序序列：{017，094，154，170}，用所选择的算法实现时，要执行多少次比较？

3–5. 在冒泡排序过程中，什么情况下关键码会朝向与排序相反的方向移动，试举例说明。在快速排序过程中有这种现象吗？

第 4 章 树结构

4.1 树的概念

4.1.1 基本概念

树是一种简单的非线性结构，所有元素之间具有明显的层次特性。树是由多个结点组成的有限集合。若 $n=0$，称为空树；若 $n>0$，则：

（1）有一个特定的称为根的结点，它只有直接后件，没有直接前件；

（2）除根结点外的其他结点可以划分为 $m\,(m \geqslant 0)$ 个互不相交的有限集合 $T_0, T_1, \cdots, T_{m-1}$，每个集合 $T_i(i=0, 1, \cdots, m-1)$ 又是一棵树，称为根的子树，每棵子树的根结点有且只有一个直接前件，但直接后件可以有零个或多个，如图 4.1 所示。

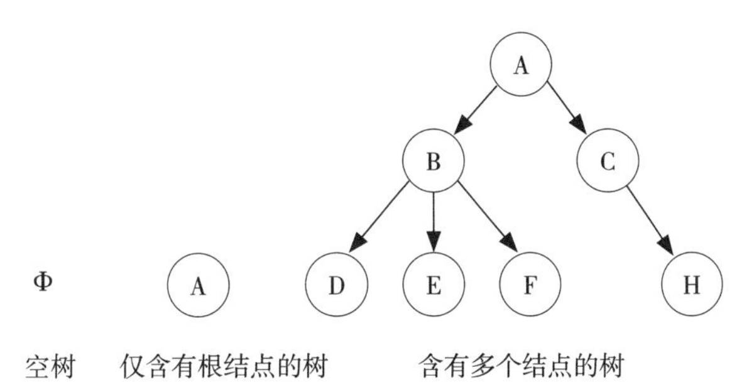

图 4.1 树的结构示意图

森林：由多棵树组成的结构被称作森林。

树结构的特点：

（1）树结构里，每个结点的前件有且只有一个，即该结点的父结点，整个树结构里只有一个结点没有前件，即整个树结构的根结点，称为树结构的根；

（2）树结构里任何一个结点都可以有一个或多个后继，即子结点。没有后件的结点称为叶子结点；

（3）在树结构中，一个结点所拥有的后继的个数称为该结点的度，所有结点中最大的度称为树的度；

（4）树的最大层次称为树的深度。

4.1.2 树和森林的遍历

1. 树的遍历

树的遍历是树的一种重要的运算。遍历就是指访问树中全部结点的过程，即按一定顺序对树中全部结点进行一次访问并且只能访问 1 次。树有 3 种常用的遍历方法依次为前序遍历、中序遍历以及后序遍历。使用这 3 种方法对一棵树进行遍历时，若将结点按访问的先后顺序排列在一起，即可分别叫作结点的前序遍历、中序遍历以及后序遍历，对应的结点列表就叫作树中全部结点的前序遍历列表，中序遍历列表和后序遍历列表。

（1）前序遍历。

① 访问根结点；

② 按照从左到右的顺序前序遍历根结点的每一棵子树。

（2）中序遍历。

根结点在中间位置；在遍历完它所有的左子树时，将它进行遍历，再遍历右子树。

（3）后序遍历。

① 按照从左到右的顺序前序遍历根结点的每一棵子树；

② 访问根结点。

2. 森林的遍历

森林的遍历有前序遍历和中序遍历两种方式。

（1）前序遍历。

① 访问森林中的第一棵树的根结点；

② 前序遍历第一棵树的根结点的子树；

③ 前序遍历去掉第一棵树后的子森林。

（2）中序遍历。

① 中序遍历（左根右）第一棵树的根结点的子树；

② 访问森林中的第一棵树的根结点。

4.2 二叉树

“二叉树”是用一组不连续的存储空间来存储一组同类型的元素，并用指针将这些存储空间连接起来；每个存储空间称作树上的一个“结点”。不同的是，二叉树的指针表示“结点”之间的“父－子”关系，形成一种非线性的数据存储结构。它看起来象一棵倒立的树。例如，图 4.2 是一棵二叉树，所存储的多项式 $x^9 + 4x^8 - 8x^7 + 3x^5 + 18x^4 - 4x^3 + 7x^2 + 15$，每个结点存储两个整数，代表多项式的一项，分别是它的系数和幂。

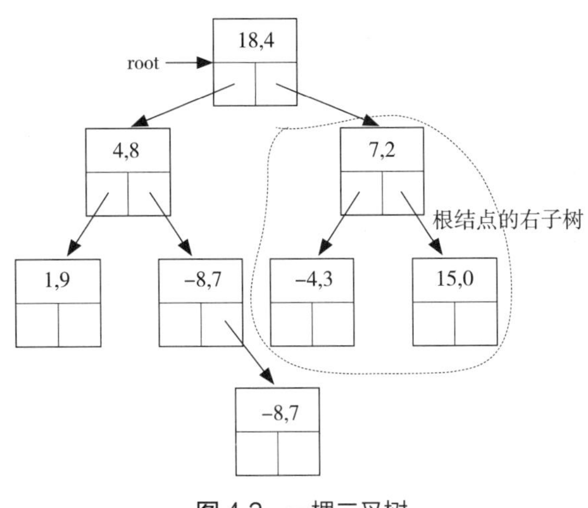

图 4.2　一棵二叉树

二叉树可用来存储任何类型的元素，每个结点存储一个元素的值，并有两个指针：左指针、右指针。两个结点 *A* 和 *B*，如果 *A* 有一个指针指向 *B*，则将 *A* 称作 *B* 的“父结点”、*B* 称作 *A* 的“子结点”。每个结点最多可以有两个子结点，左指针指向的结点称作“左子结点”，右指针指向的结点称作“右子结点”。一个结点最多只有一个父结点。

叶子结点：一个结点如果没有任何子结点，则将其称作一个“叶子结点”，或者简称作“叶子”。

根结点：一棵二叉树中有唯一的一个结点，不是其他任何结点的子结点，这个结点称作二叉树的“根结点”，或者简称作“根”，根结点位于二叉树的最顶层。

结点的层数：根所在的层数为 0；其他结点的层数是父结点所在的层数加 1。

二叉树的深度：叶子结点所在的最大层数称作树的深度。上例中二叉树的深度是 3。

子树：假设 *B* 是 *A* 的子结点，从 *B* 出发能达到的全部结点构成一棵以 *B* 为根的树，称为 *A* 的一棵子树。如果 *B* 是 *A* 的左子结点，则该子树称为 *A* 的左子树；如果 *B* 是 *A* 的右子结点，则该子树称为 *A* 的右子树。

4.2.1　二叉树的建立

本节介绍有了一组数据后，如何建立一棵二叉树来存储这些元素的值。先看一个例子：从一个文本文件中读入一组整数，用一棵二叉树存储这些整数。读入的第一个整数存储在根结点 root 上。以后每读一个整数时，向 root 代表的二叉树上插入一个新的结点，存储所读入的整数。在最终的二叉树上，任取一个结点 *A*：*A* 的值不小于它左子树上任何的值，它右子树上每个值都大于 *A* 的值。下面的程序演示了建立这样的一棵二叉树的过程。

程序的第 4~9 行首先定义了二叉树结点的数据类型，包括两部分：数据域、指针域。数据域部分定义了要存储的数据元素的类型。指针域定义两个指针：左指针、右指针；它们的类型必须与二叉树结点的数据类型一致。

程序的第 11~27 行定义了一个递归函数 insertTree（TreeNode *root，intval），向 root 所指向的二叉树添加新的结点。每次添加一个结点，存储元素值 val。如果 root 所指向的二叉树为空，则将新结点作为二叉树的根结点，否则：

（1）如果 val 小于或等于 root 结点的值，将新结点插在 root 结点的左子树上；

（2）如果 val 大于 root 结点的值，将新结点插在 root 结点的右子树上，如图 4.3 所示。

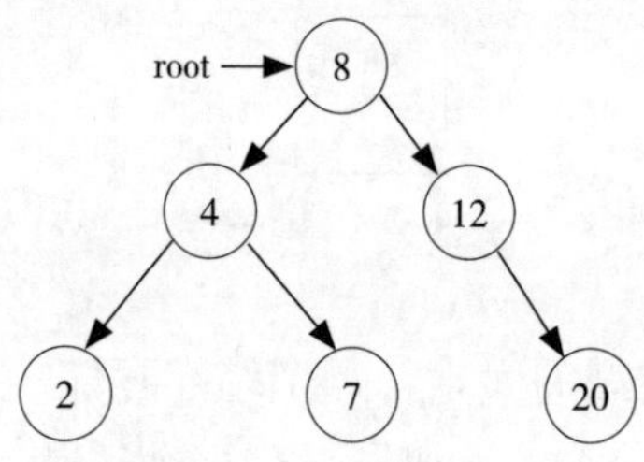

图 4.3　二叉树的建立

下面给出建立树的示例程序：

```
#include <stdio.h>
#include <stdlib.h>

structTreeNode
{
  int val;
  TreeNode *left, *right;
};

TreeNode *insertTree（TreeNode *root, int valtemp）
{// 向二叉树中添加新的结点
  TreeNode *nodetemp;
  if（ root == NULL ）
  {
          nodetemp = new TreeNode;
```

```
            nodetemp ->val = val;
            nodetemp ->left = NULL;
        nodetemp ->right = NULL;
        return (nodetemp) ;
  }
  if(root->val >=valtemp)
        root->left = insertTree (root->left, valtemp) ;
  else
        root->right = insertTree (root->right, valtemp) ;
  eturn (root) ;
}

voiddelTree (TreeNode *roottemp)
{// 删除二叉树占用的存储空间
   if( roottemp->left != NULL )
            delTree (roottemp->left) ;
   if( roottemp->right != NULL )
          delTree (roottemp->right) ;
   delete roottemp;
   return;
}
```

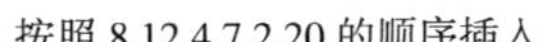

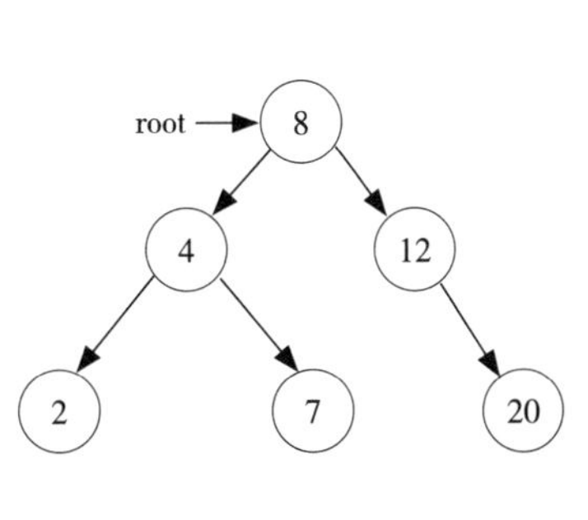

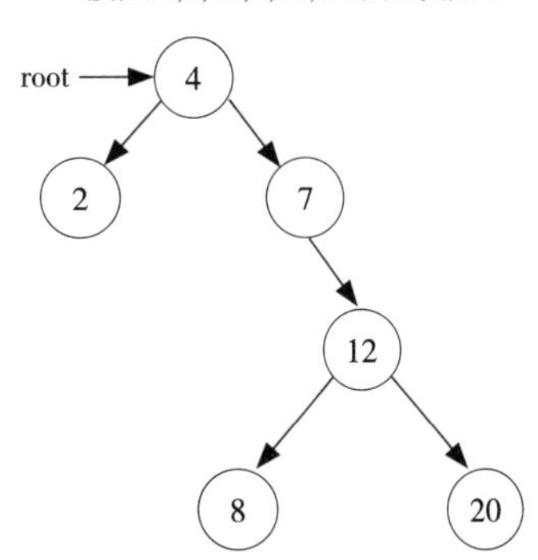

图 4.4　按照不同的插入顺序得到不同的树

对上面的示例程序稍做分析不难发现，一棵二叉树的形状与 3 个方面的因素有关：

（1）存储的元素的数量；

(2) 结点的插入顺序；

(3) 元素值的大小关系。

同样一组元素，插入的顺序不同，得到的二叉树的形状也可能不同。例如用上面的程序建立一棵二叉树，存储 6 个整数：2、4、7、8、12、20。按照不同的插入顺序，将产生形状完全不同的两棵二叉树，如图 4.4 所示。这是非线性存储结构与线性存储结构不同的一个重要方面。而对于线性存储结构，无论是数组、还是链表，只要确定了要存储的元素的数量，存储结构的形状也就确定了。

在图 4.5 中左侧图中显示的父结点和子结点关系是：左子结点的值小于等于父结点的值，而右子结点值则大于父结点的值。

在图 4.5 中右侧图中显示的父结点和子结点关系是：左子结点的值大于父结点的值，右子结点的值小于、等于父结点的值。

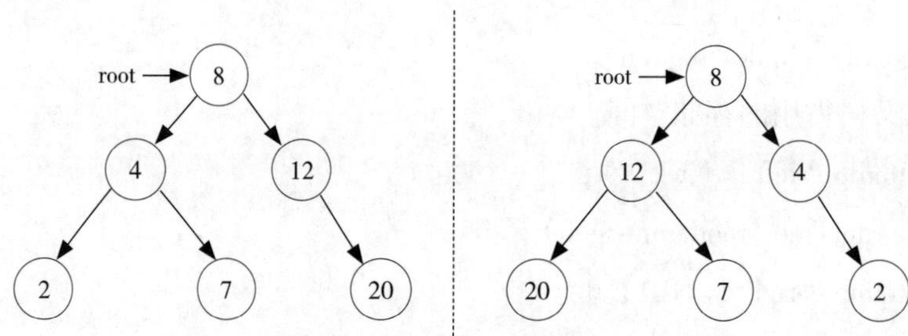

图 4.5　按照不同的插入顺序得到不同的树

对二叉树来说，最重要的是根。从根出发，沿着左指针、右指针，可以访问到树的全部结点。二叉树占用的存储空间是程序在插入结点时动态分配的，在退出程序前，要删除其中的全部结点。在删除一个结点之前，同时一定要先删除它的全部子树。

4.2.2　二叉树的遍历

二叉树的遍历主要有 2 种方法，分别是深度优先遍历和广度优先遍历。本节介绍一种对二叉树进行遍历的方法：深度优先法。这种方法基于递归的思想，先查看完一棵子树上的全部结点后，再查看另一棵子树上的结点。按照对左子树、根结点、右子树的查看顺序，划分了 4 种不同的遍历顺序：先根顺序、后根顺序、左子树优先、右子树优先。

(1) 先根顺序遍历：先访问根结点，再遍历左子树，最后遍历右子树。

采用先根顺序遍历图 4.6 的二叉树，结点的访问顺序是：8、4、2、7、12、20。

(2) 后根顺序遍历：首先对左子树进行遍历，然后对右子树进行遍历，最后对根节进行点访问。

采用后根顺序遍历图 4.6 的二叉树，结点的访问顺序是：2、7、4、20、12、8。

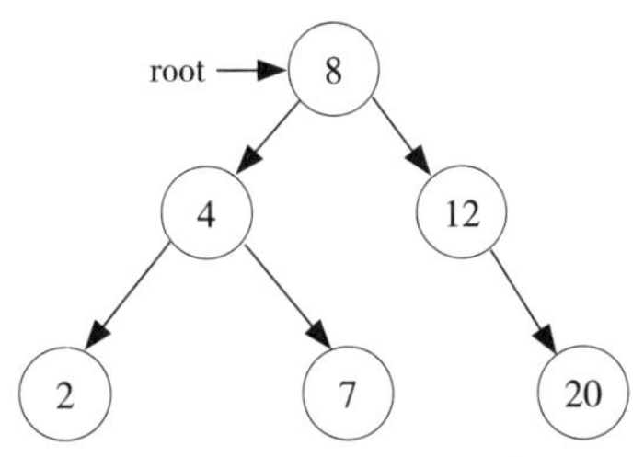

图 4.6　二叉树的遍历

（3）左子树优先：首先对左子树进行遍历，然后对根节进行点访问，最后对右子树进行遍历。

采用左子树优先的顺序遍历图 4.6 的二叉树，结点的访问顺序是：2、4、7、8、12、20。

（4）右子树优先：遍历右子树，访问根结点，遍历左子树。

采用右子树优先的顺序遍历图 4.6 的二叉树，结点的访问顺序是：20、12、8、7、4、2。

遍历二叉树的目的是对二叉树进行操作：插入新的结点、查找符合条件的结点、按结点值的大小顺序输出全部元素、删除二叉树。上面讲的 4 种遍历顺序，分别适合不同的操作。在一些操作中，也不需要遍历整个的二叉树。

在插入新的结点时，一般采用先根顺序遍历二叉树，查找新结点的插入位置。一旦找到了新结点的插入位置，就终止遍历过程。在查找符合条件的结点时，一般也采用先根顺序遍历二叉树。分两种情况分别考虑。

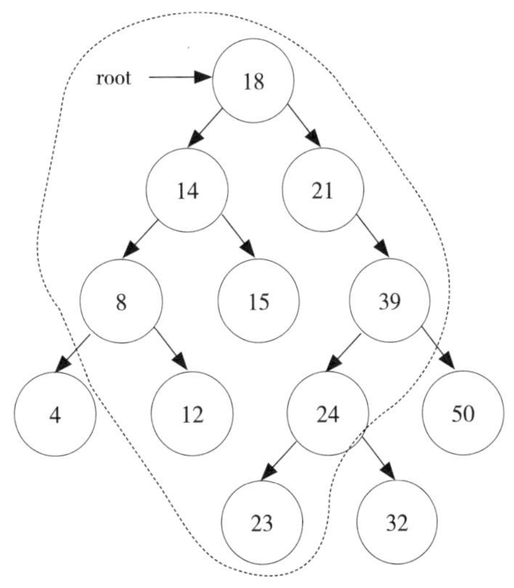

图 4.7　二叉树搜索

（1）查找的条件与二叉树的“父－子”结点关系的约定相一致。

这种情况下查找的效率很高，一般不需要遍历整棵二叉树。现在要搜索该树上位于区

间 [13，22] 内的值，搜索范围如图 4.7 中的虚线所示。这里有两点需要特别注意：

遍历到值为 8 的结点时，没有必要再遍历它的左子树，因为左子树上的值不比 8 大，肯定不满足搜索条件。但是右子树上的值比 8 大，可能会满足搜索的条件，因此要继续遍历。

遍历到值为 39 的结点时，没有必要再遍历它的右子树，因为右子树上的值比 39 还大，肯定不满足搜索条件。但是左子树上的值不比 39 大，可能会满足搜索的条件，要继续遍历。搜索到值为 24 的结点时也是如此。

(2) 查找的条件与二叉树的“父 – 子”结点关系的约定不一致。

此时需要依次访问树上的每个结点，看看相应的元素是否满足搜索的条件。如果只要找到一个符合条件的元素即可，那么找到一个满足条件的元素就可以终止遍历的过程，否则，就遍历整棵树。

使用二叉树进行元素集合的排序非常方便。首先建立一棵二叉树，存储要排序的元素。在二叉树上约定父结点的值不小于左子数上的值、小于右子树上的值。然后按照左子树优先的顺序遍历整棵树，就得到了一个元素集合的升序序列；按照右子树优先的顺序遍历整棵树，就得到了一个元素集合的降序序列。或者在二叉树上约定父结点的值不大于左子数上的值、大于右子树上的值。然后按照左子树优先的顺序遍历整棵树，就得到了一个元素集合的降序序列；按照右子树优先的顺序遍历整棵树，就得到了一个元素集合的升序序列。

删除一棵二叉树时，也需要遍历整棵树。此时对一个结点的操作不是访问它的元素值，而是释放它占用的存储空间。一般如本节的示例程序演示的那样，采用后根顺序遍历。

4.2.3 平衡二叉树

在一个已经建立约束的二叉树查找一个元素时，此时查找的效率是非常高，对于一个有 N 个元素的二叉树，查找的效率可以达到 $O(\log_2 n)$，但是最坏的情况是二叉树的最大深度可以达到 N–1。因此，在二叉树结点固定时，如何降低二叉树的层次成为提高查找效率的关键所在。而平衡二叉树则是每个结点的左子树的深度与右子树的深度相差不超过 1。维护平衡二叉树的方法如下：

如果二叉树只有一个结点的话，这个二叉树肯定是一个平衡二叉树。而对于一棵平衡二叉树，任何的操作都有可能改变树的平衡性，那么如何去维护一棵二叉树的平衡性则是关键所在。

在一棵已经排序好的二叉树中新插入一个结点，在插入结点后还有保证这个二叉树的约束，也就是左子结点不大于根结点，而右子结点大于根结点。

每插入一个新结点，当二叉树非空时，新结点会作为二叉树中某一结点的叶子结点出现。如果新结点改变了二叉树的平衡性，则一定要使二叉树的某一子树深度增加。为了维护二叉树的平衡，每个结点上需要在添加一个数值，用来保存树的深度的变量 depth。每插入一个新的结点，从新结点的父结点开始查找以新结点的父结点为根的二叉树是否平衡，如果不平衡就将其调整成平衡二叉树；然后继续检查新结点的祖父结点，如此直至整棵二叉树为止。因此，每次检查到一个结点的左、右子树不平衡时，它们的深度一定相差 2。此时分 4 种情形分别处理。

（1）右子树为空、左子树的深度为 2。C 为新插入的结点，它导致新结点的祖父结点不平衡（结点 A），如图 4.8 所示。

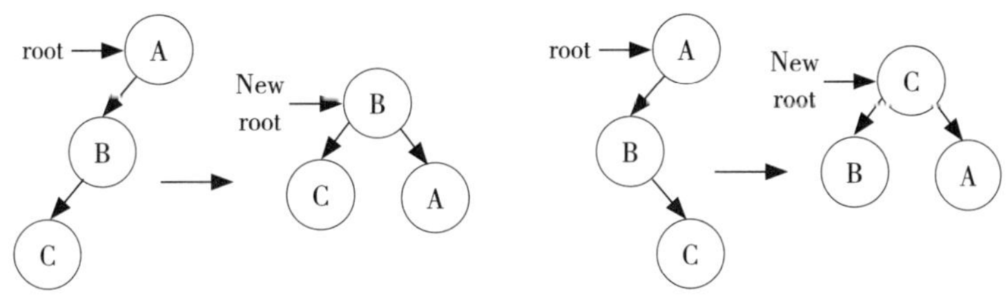

图 4.8　平衡树转换

（2）右子树非空、左子树的深度比右子树的深度大 2。新结点插入到 B 的某棵子树上，使得 B 的深度增加，导致 A 不平衡。记树 T 的深度为 depth (T)，则 depth $(R_0)-2 \leqslant$ depth $(R_2) \leqslant$ depth (R_0)、depth $(L_1)-2 \leqslant$ depth $(L_2) \leqslant$ depth (L_0)。在新的二叉树中，需要检查根结点的两棵子树是否平衡、并进行相应调整。但这种调整不影响新二叉树左、右子树的平衡性，如图 4.9 所示。

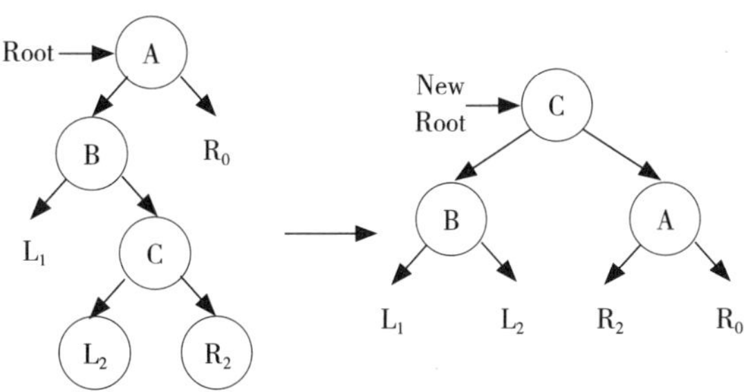

图 4.9　平衡树转换图

（3）左子树为空、右子树的深度为 2。C 为新插入的结点，它导致新结点的祖父结点（结点 A）不平衡，如图 4.10 所示。

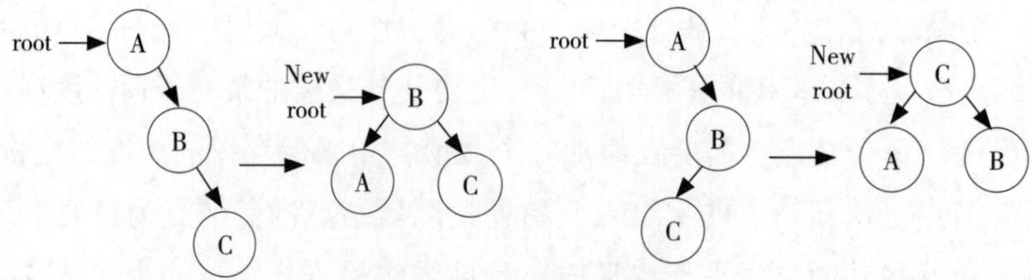

图 4.10　平衡树转换图

(4) 左子树非空、右子树的深度比左子树的深度大 2。新结点插入 B 的某棵子树上，使得 B 的深度增加，导致 A 不平衡。记树 T 的深度为 depth (T)，则 depth $(L_0) - 2 \leqslant$ depth $(L_2) \leqslant$ depth (L_0)、depth $(R_1) - 2 \leqslant$ depth $(R_2) \leqslant$ depth (R_0)。在新的二叉树中，需要检查根结点的两棵子树是否平衡，并进行相应调整。但这种调整不影响新二叉树左、右子树的平衡性，如图 4.11 所示。

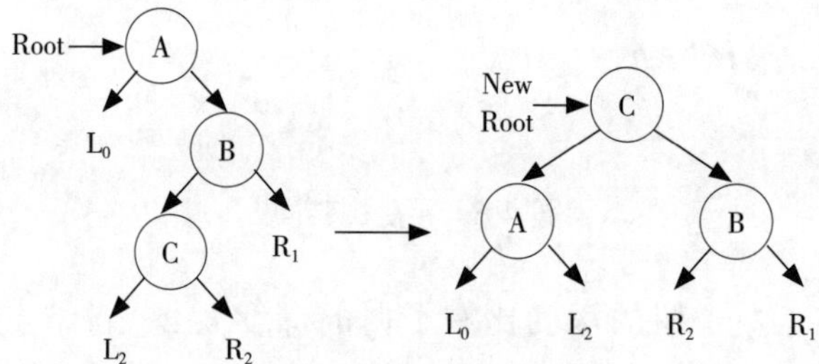

图 4.11　平衡树转换图

下面给出参考代码：

```
#include <stdio.h>
#include <stdlib.h>

structTreeNode
{
    intval;
    int depth;
    TreeNode *left, *right;
};

voidcomputeDepth (TreeNode *roottemp)
{
    int depthtemp;
```

```
    if(roottemp->left != NULL)
            depthtemp = roottemp->left->depth;
    else
            depthtemp = 0;
    if(roottemp->right != NULL && roottemp->right->depth > depth)
            depthtemp = roottemp->right->depth;
    roottemp->depth = depth+1;
    return;
}

TreeNode *balance (TreeNode *roottemp)
{
    int leftD, rightD;
    TreeNode *newRoot;
    if(roottemp->left != NULL)
            leftD = roottemp->left->depth;
    else
            leftD = 0;
    if(roottemp->right != NULL)
            rightD = roottemp->right->depth;
    else
            rightD = 0;
  if(abs (leftD-rightD)< 2)
              return (roottemp) ;
  if(leftD>rightD )
              if(roottemp->left->right != NULL)
              {
                    newRoot = roottemp->left->right;
                    roottemp->left->right = newRoot->left;
                    newRoot->left = balance (roottemp->left) ;
                    roottemp->left = newRoot->right;
                    newRoot->right = balance (roottemp) ;
    }
    else
```

```
    {
                    newRoot = roottemp->left;
                    roottemp->left = newRoot->right;
    newRoot->right = roottemp;
    }

  if(leftD<rightD )
            if(roottemp->right->left != NULL)
            {
                    newRoot = roottemp->right->left;
                    roottemp->right->left = newRoot->right;
                    newRoot->right = balance (roottemp->right) ;
                    roottemp->right = newRoot->left;
                    newRoot->left = balance (roottemp) ;
            }
            else
            {
                    newRoot = roottemp->right;
                    roottemp->right = NULL;
                    newRoot->left = roottemp;
            }
  computeDepth (newRoot->left) ;
  computeDepth (newRoot->right) ;
  return (newRoot) ;
}

TreeNode *insertBTree (TreeNode *root, int val)
{
  TreeNode *newNodetemp, *newRoot;
  if(root == NULL)
  {
            newNodetemp = new TreeNode;
            newNodetemp->val = val;
            newNodetemp->depth = 1;
```

```
            newNodetemp->left = NULL;
            newNodetemp->right = NULL;
            return (newNodetemp);
    }
    if(val<= root->val)
            root->left = insertBTree (root->left, val);
    else
            root->right = insertBTree (root->right, val);
    newRoot = balance (root);
    computeDepth (newRoot);
    return (newRoot);
}
```

4.3　森林

“森林”是 $n(n \geqslant 0)$ 棵互不相交的树的集合。由集合的概念出发，对树中的任意结点，其子树的集合即为森林。即任意一棵树，都是一个二元组 $Tree = (root, F)$，其中，*root* 是根结点，F 是 $n(n \geqslant 0)$ 棵树的森林，也是该树中子树的集合。

4.3.1　树、二叉树、森林之间的转换

由于二叉树和树都可以使用二叉链表的形式进行存储，而且二叉树和树之间也存在着互相转换的方式（孩子结点可转换为左子结点，兄弟结点可转换为右子结点），同样的，“森林”和二叉树之间也存在着联系，即把第二棵树看成是第一棵树的根结点的右子结点，即可得到森林和二叉树之间的对应关系。如图 4.12 原始森林，图 4.13 树向二叉树转换，图 4.14 森林向二叉树转换。

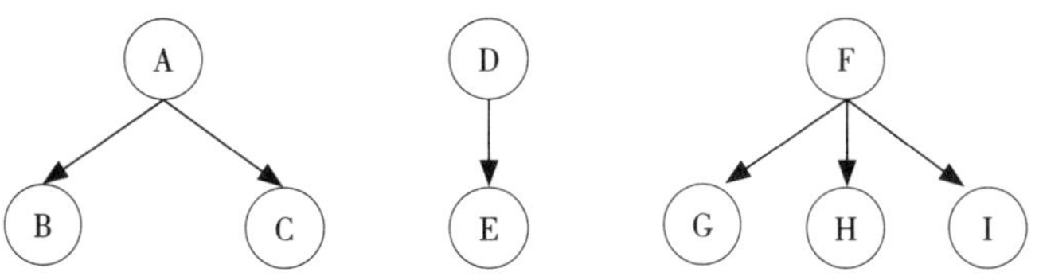

图 4.12　原始森林

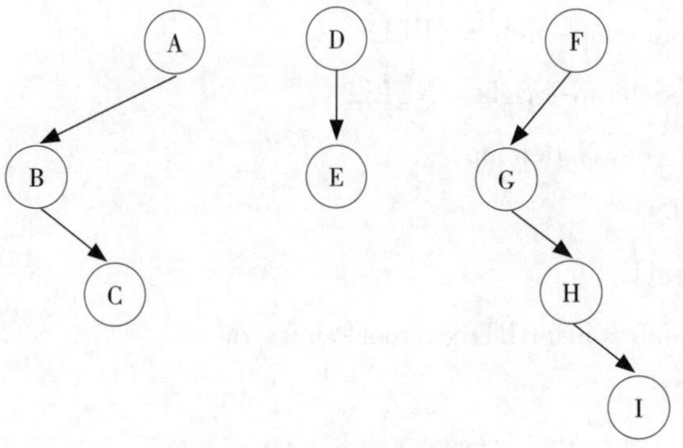

图 4.13　树向二叉树转换

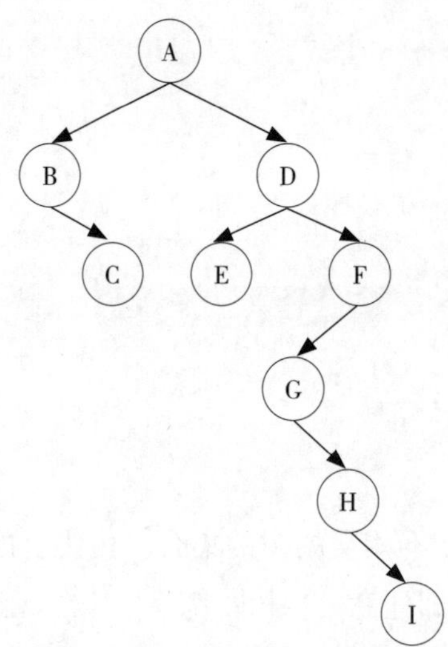

图 4.14　森林向二叉树转换

4.3.2　森林的遍历

既然森林和二叉树之间存在转换关系，那么遍历森林的方法接可以使用遍历二叉树的方法进行，对图 4.14 的森林遍历的结果如下。

1. 先序遍历森林

访问森林中第一棵树的根结点；

使用先序遍历，完成第一棵树的子树遍历；

使用先序遍历，完成除去第一棵树的森林的遍历。

2. 中序遍历森林

使用中序遍历，完成第一棵树的子树遍历；

访问森林中第一棵树的根结点；

使用中序遍历，完成除去第一棵树的森林的遍历。

对图 4.14 中的森林，进行先序遍历和中序遍历，得到如下结果：

先序遍历：A B C D E F G H I

中序遍历：B C A E D G H I F

4.4　哈夫曼树和哈夫曼编码

4.4.1　基本概念

路径和路径的长度：树结构中结点之间的路径就是从结点到结点之间的分支，而路径长度即为其间的分支数目。

对于一个二叉树，其在第 n 层上的结点到根结点的路径长度为 $n-1$。

结点的权：根据应用的需要给树的结点赋的权值。

结点的带权路径长度：从根结点到该结点的路径长度与该几点权的乘积。

树的带权路径长度：树中所有叶子的带权路径长度之和。

4.4.2　哈夫曼树

所谓哈夫曼二叉树（最优二叉树），就是带权路径长度最小的二叉树（注意这里的带权路径）。因为树的带权路径长度只与所有叶子的带权路径长度有关，所以对于一棵哈夫曼树，其真正其作用的数据是存在于叶子上。

设：a，b，c，d 的权值为：

$a=7$，$b=5$，$c=2$，$d=4$；

下面 3 棵不同的树的带权路径长度为：

(7+5+4+2) *2 = 36

(7+5) *3+4*2+2 = 46

7+5*2+ (2+4) *3 = 35

第 3 棵树的带权路径长度最小，如图 4.15 所示。

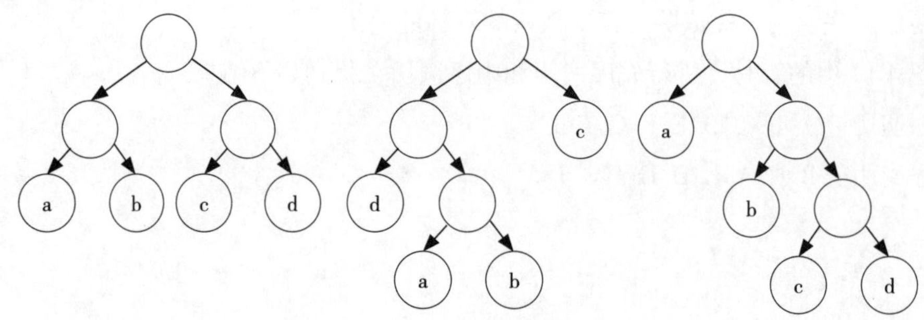

图 4.15　3 棵不同树的带权路径

再回到问题产生的根源。我们说在现实的分类中，每一类数据出现的概率不尽相同；这些数据出现的概率可以被看作哈夫曼树中叶子的权值。为了获取最短的路径，也就是带权路径长度最短的二叉树，使那些权值低的数据拥有相对较长的对根结点的路径长度。根据这一思路，可以从一群离散的数据中构造出一颗哈夫曼树。具体的算法如下：

（1）根据给定的权值个数 n，$\{w_1, w_2, \cdots, w_n\}$ 对 n 个二叉树进行集合构造 $F = \{T_1, T_2, \cdots, T_n\}$，集合中每个二叉树左右子树 T_i 都为空，且只有一个根结点其权为 w_i。

（2）于集合 F 中找到权值最小的两个根结点，将其所在的树当作左右子树，以此对一个新二叉树进行构造，并且将新置二叉树上左右子树根结点权值和作为其根结点权值。

（3）先在 F 集合中删除步骤 2 中找到的那两棵树，再在 F 集合中加入新置二叉树。

（4）重复 2 和 3，直到 F 中只含一棵树为止。这棵树便是最优二叉树。

例如，有权值分别为 5、10、15、20、25、40 的结点，根据以上算法构造出一个哈夫曼树。

（1）取这 6 棵树中最小的两棵树 5、10 连成一棵二叉树，其权值为 15；此时森林里的树变为 15 (5、10)、15、20、25、40。

（2）取这 5 棵树中最小的两棵树（15 (5、10)、15），构成一棵新的二叉树 30 ((5、10)、15)；此时森立里的树变为 20、25、30 ((5、10)、15)、40。

（3）继续上述过程，得到一棵新的二叉树 45 (20、25)，此时的森林变为 30 ((5、10)、15)、40、45 (20、25)。

（4）继续得到二叉树 70 ((5、10)、15)、40)，则森林里只剩下两棵树：70 ((5、10)、15)、40）与 45 (20、25)。

（5）最后将这两棵二叉树合并成为一棵二叉树 115 (((5、10)、15)、40)、(20、25))，完成了哈夫曼树的构造。

（6）计算 $WPL = (5+10)*4+15*3+40*2+(20+25)*2=275$。

以上便是哈夫曼树（最优二叉树）的相关概念和构造方法。

4.4.3 哈夫曼编码

哈夫曼编码解决了通信中的信息传递问题：在传递信息时，如何在能够识别的前提下，使传递的字符数最少。

例：电报中的报文“ABACCDA”4 个字符的编码问题。两位编码：00 01 10 11 如果用不同长度的编码：例用 0 1 00 01

前缀编码：对于不等长编码，若任一个字符编码的前缀都不是其他字符编码，则称之为前缀编码。前缀编码使得字符编码的平均长度最短。赫夫曼编码是一种前缀编码。

赫夫曼编码的方法：

(1) 把字符出现的频率作为权值，根据这些权值构造一棵哈夫曼树。

(2) 哈夫曼树里规定，右分支标识为字符“1”，左分支标识为字符“0”，这样自根结点至叶子结点之间的路径上由分支字符构成的字符串就是本叶子结点的字符编码。

例如：已知权值 $W=\{5, 6, 2, 9, 7\}$

建立哈夫曼树，在哈夫曼树的基础上从树的根结点出发，让每个结点的左子结点标记为 0，右子结点标记为 1，这样把从根到每个叶子结点的路径标记连接作为每个结点的哈夫曼编码值，如图 4.16 所示：

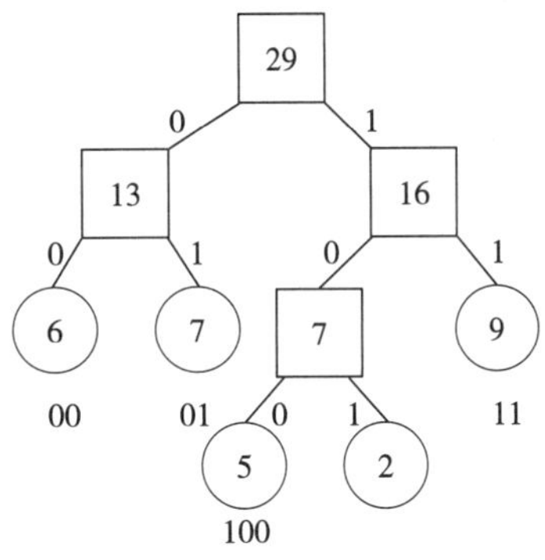

图 4.16 哈夫曼树建立过程

这样就得到了每个结点的哈夫曼编码。

例题：已知某系统在通信联系中只可能出现 8 种字符：abcdefgh，其概率分别为 0.05，0.29，0.07，0.08，0.14，0.23，0.03，0.11，试据此构造哈夫曼树，要求：

(1) 画出构造哈夫曼树的过程；

(2) 求每个字符的哈夫曼编码。

哈夫曼树为：

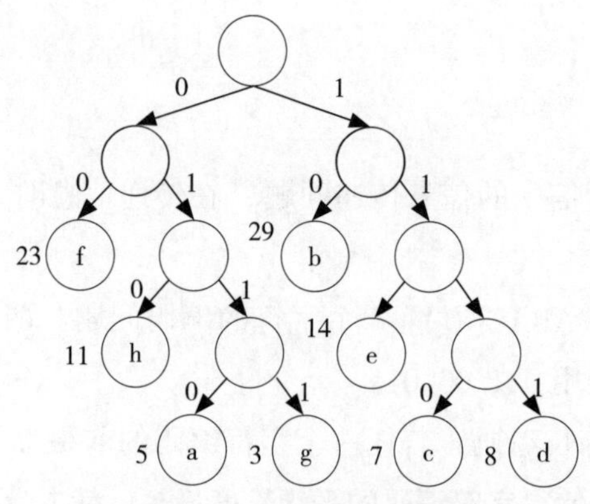

图 4.17 哈夫曼编码树

哈夫曼树编码为：

a：0110 b：10 c：1110 d：1111 e：110 f：00 g：0111 h：010

4.5 堆

4.5.1 基本概念

“堆”是利用完全二叉树的结构来维护一组数据，因此可以使用数组来对堆进行描述。堆的特点是根结点的值是最大（或最小），且根结点的两侧子树也是一个堆。例如，图 4.18 是一个堆，其根结点为最小值（小根堆）。

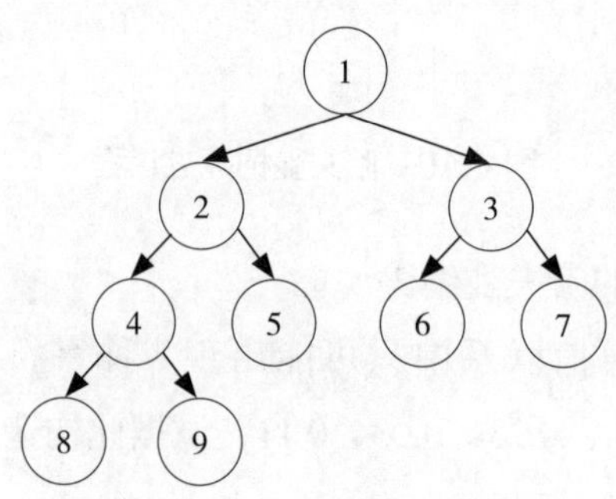

图 4.18 “小根堆”示例

现在，我们为一棵完全二叉树读入一组数据 {8, 5, 6, 3, 4, 2, 9, 1, 7}，得到图 4.19。

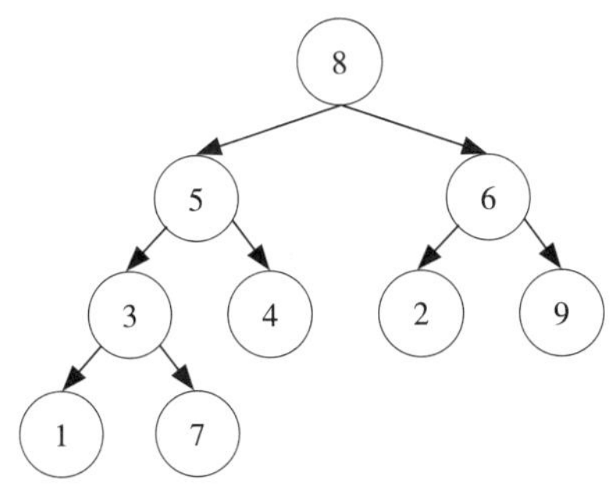

图 4.19 初始化完全二叉树

得到的结构并不符合堆的定义，因此需要使用有关堆的基本操作，完成堆的建立。以“小根堆”为例，存储形式为一维数组，一个结点的编号是 i，其父结点编号是 $i/2$，其右子结点的编号是 $2\times i$，其左子结点的编号是 $2\times i+1$。

（1）结点上浮，从当前结点开始，和它的父结点进行比较，若比父结点小，则交换数据位置。

（2）结点下沉，从当前结点开始，和它的左右子结点进行比较（若存在），将左右结点的较小值和其交换数据位置。

（3）插入结点，将新结点插入堆的最后，并是它上浮，完成更新。

（4）弹出结点，将目标结点和堆的最后一个结点交换，并弹出，然后将交换后的堆的最后结点下沉，完成更新。

以下为代码实现。

```
#include <stdio.h>

// 结点上浮函数
void up (int *a, int n)
{
    int temp=0;
    while (n/2>=1)
    {
        if (a[n]<a[n/2])
        {
            temp=a[n];
            a[n]=a[n/2];
            a[n/2]=temp;
            n=n/2;
        }
```

```
        else
            break;
    }
}

//结点下沉函数
void down (int *a, int n, int a_long)
{
    int temp=0;
    while (n*2<a_long&&a[n*2]!=0)
    {
        if (n*2+1<a_long&&a[n*2+1]!=0)
        {
            if (a[n*2]<a[n*2+1])
            {
                if (a[n]>a[n*2])
                {
                    temp=a[n*2];
                    a[n*2]=a[n];
                    a[n]=temp;
                    n=n*2;
                }
                else
                    break;
            }
            else
            {
                if (a[n]>a[n*2+1])
                {
                    temp=a[n*2+1];
                    a[n*2+1]=a[n];
                    a[n]=temp;
                    n=n*2+1;
                }
```

```
                else
                break;
            }
        }
        else
            if (a[n*2]<a[n])
            {
                temp=a[n*2];
                a[n*2]=a[n];
                a[n]=temp;
                n=n*2;
            }
            else
                break;

    }
}

// 插入结点函数（插入的是数值）
int insert (int *a, int x, int a_long)
{
    int i=1;
    while (i<a_long)
    {
        if (a[i]!=0)
            i=i+1;
        else
            break;
    }
    if (i==a_long)
        return 0;
    a[i]=x;
    up (a, i) ;
    return 1;
```

```
}

// 弹出结点函数（弹出指定位置的结点）
int pop (int *a, int x, int a_long)
{
   int i=1;
   while (i<a_long)
   {
      if (a[i]!=0)
         i=i+1;
      else
         break;
   }
   if (x>i-1)
      return 0;
   a[x]=a[i-1];
   a[i-1]=0;
   down (a, x, a_long) ;
   return 1;
}

// 打印堆的函数
void printA (int *a)
{
   int i;
   for (i=0;i<15;i++)
      printf ("%d", a[i]) ;
   printf ("\n") ;
}
```

4.5.2　堆排序

由堆的概念可以知道，其根结点要么是最大值，要么是最小值。因此堆排序的基本理念就是每次弹出根结点，之后完成堆的重建，接下来再次弹出根结点，再次重建堆，以此类推，代码如下：

```
#include <stdio.h>
//结点下沉函数
void down (int *a, int n, int a_long)
{
int temp=0;
while (n*2<a_long&&a[n*2]!=0)
{
    if (n*2+1<a_long&&a[n*2+1]!=0)
    {
      if (a[n*2]<a[n*2+1])
      {
        if (a[n]>a[n*2])
        {
          temp=a[n*2];
          a[n*2]=a[n];
          a[n]=temp;
          n=n*2;
        }
        else
          break;
      }
      else
      {
        if (a[n]>a[n*2+1])
        {
          temp=a[n*2+1];
          a[n*2+1]=a[n];
          a[n]=temp;
```

```
                n=n*2+1;
            }
            else
                break;
        }
    }
    else
        if (a[n*2]<a[n])
        {
            temp=a[n*2];
            a[n*2]=a[n];
            a[n]=temp;
            n=n*2;
        }
        else
            break;


    }
}
//弹出结点函数
int pop (int *a, int x, int a_long)
{
    int i=1;
    while (i<a_long)
    {
        if (a[i]!=0)
            i=i+1;
        else
            break;
    }
    if (x>i-1)
        return 0;
    a[x]=a[i-1];
    a[i-1]=0;
```

```
        down (a, x, a_long) ;
        return 1;
    }
    void printA (int *a)
    {
        int i;
        for (i=0;i<15;i++)
          printf ("%d", a[i]) ;
        printf ("\n") ;
    }
    void main ( )
    {
        int a[15]={-1,11,3,6,8,15,7,13,20,10,1,2,4,5,9}, b[15], x;
        int key=14;
        int a_long=15;
        while (key>=1)
        {
        if (a[key]==0)
            key=key-1;
          else
            break;
        }
        while (key>=1)
          {
            if (key/2>=1)
              down (a, key/2, a_long) ;
              key=key-1;
          }
        b[0]=-1;
        x=1;
        while (1)
        {
          printf (" 形成堆 \n") ;
          printA (a) ;
```

```
        printf (" 弹出根结点 : %d\n", a[1]) ;
        b[x]=a[1];
        x++;
        pop (a, 1, a_long) ;
        if (a[1]==0)
            break;
    }
    for (x=0;x<15;x++)
        printf ("%4d", b[x]) ;
}
```

4.6 二叉排序树及平衡二叉树

首先明确一下，二叉排序树和平衡二叉树，均属于动态查找，而在查找过程中可以动态生成查找表的结构是动态查找的特性，对于给定的一个值 key，若表中存在，则查找成功，否则插入关键字为 key 的元素。

什么是二叉排序树？

二叉排序树：一棵空树或是具有如下性质的二叉树：

如果左子树不等于空，那么左子树上全部结点均比根结点小；

如果右子树不等于空，那么右子树上全部结点均比根结点大；

其左右子树也均为二叉排序树，如图 4.20 所示。

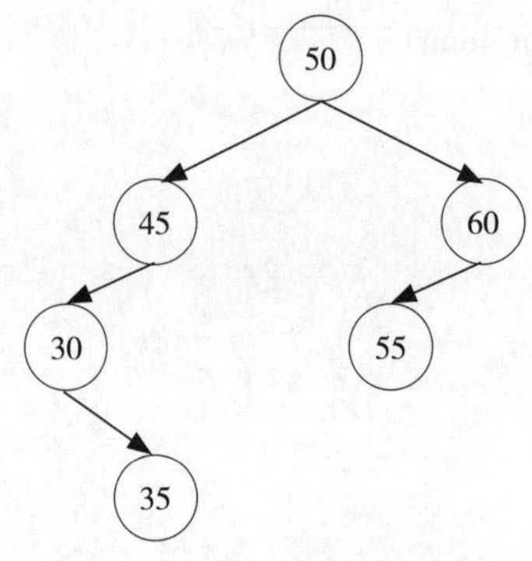

图 4.20　二叉排序树示例

通常，使用二叉链表的形式保存二叉排序树，其查找过程如下：

```
BiTree SearchBST（BiTree T, Key_Type key）
{
    if（(!T）||EQ（T->data.key, key））
return(T）;
    else
      if(Big（T->data.key, key））
        return(SearchBST（T->lchlid, key））;
      else
        return(SearchBST（T->rchile, key））;
}
```

但上述算法有待改进，毕竟二叉排序树应在未匹配key值时，添加一个新叶子结点，新叶子结点的数据值为key，因此需要有一个变量能够标记当前结点，以便为其添加子结点，则改进算法如下：

```
Bool SearchBST（BiTree T, Key_Type key, BiTree f, BiTree &p）
{
    if（!T）
    {
      p=f;
      return 0;
    }
    else
      if(EQ（T->data.key, key））
      {
        p=T;
        return 1;
      }
    else
      if（Big（T->data.key, key））
        return(SearchBST（T->lchlid, key, T, p））;
      else
        return(SearchBST（T->rchile, key, T, p））;
}
```

则插入程序代码为：

```
Bool InsertBST (BiTree &T, Elem_Type e)
{
    if (!SearchBST (T, e.key, NULL, p))
    {
      s= (BiTree) malloc (sizeof (BiTNode)) ;
      s->data=e;
      s->lchild=NULL;
      s->rchile=NULL;
      if (!p)
        t=s;
      else
        if (Big (e.key, p->data.key))
          p->rchild=s;
        else
          p->lchild=s;
      return 1;
}
else
      return 0;
}
```

什么是平衡二叉树？

平衡二叉树：一棵空树或是具有如下性质的二叉树：

其左右子树均为平衡二叉树；

左右子树的深度差不大于 1，如图 4.21 和 4.22 所示。

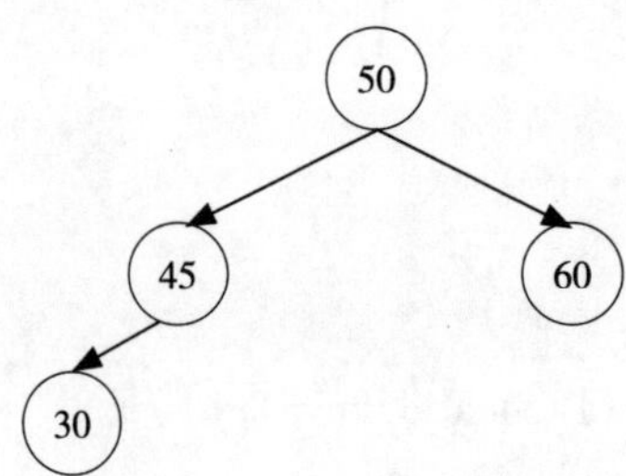

图 4.21　平衡二叉树示例

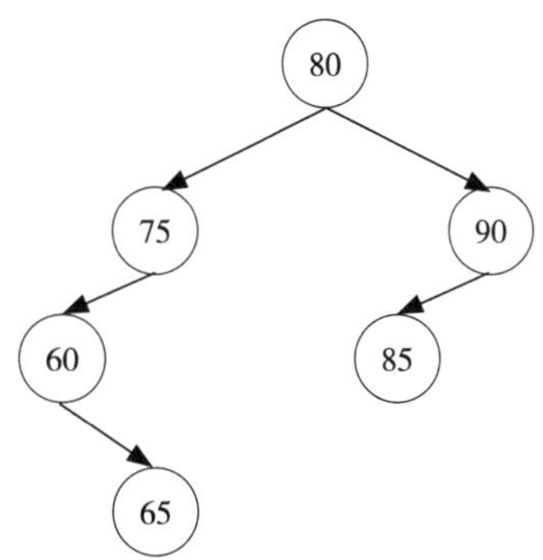

图 4.22　不平衡二叉树示例

由于平衡二叉树也属于动态查找，因此其也是在查找过程中，逐步完成平衡二叉树的建立。但与二叉排序树不同，其在插入结点时，会出现不平衡的情况，因此，平衡二叉树的结点插入，往往伴随着树形的调整，以便每次插入结点后，该二叉树均为平衡二叉树。

总结调整方法如下：

单向右旋；

单向左旋；

双向旋转（先左后右）；

双向旋转（先右后左），如图 4.23–4.26 所示。

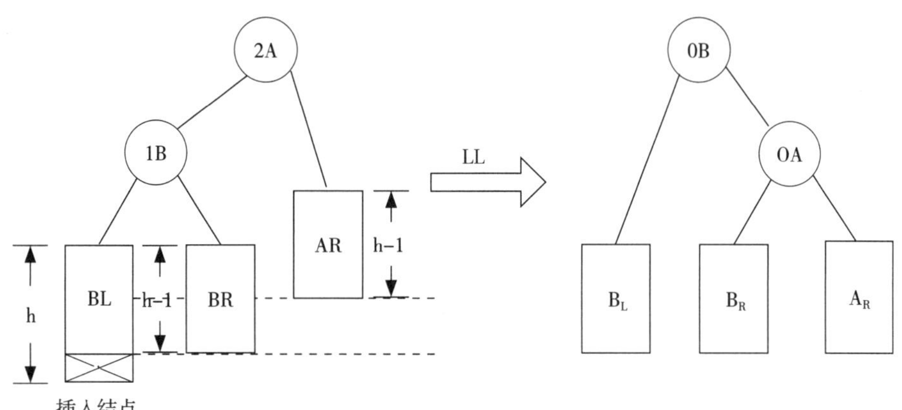

图 4.23　平衡二叉树单向右旋示例

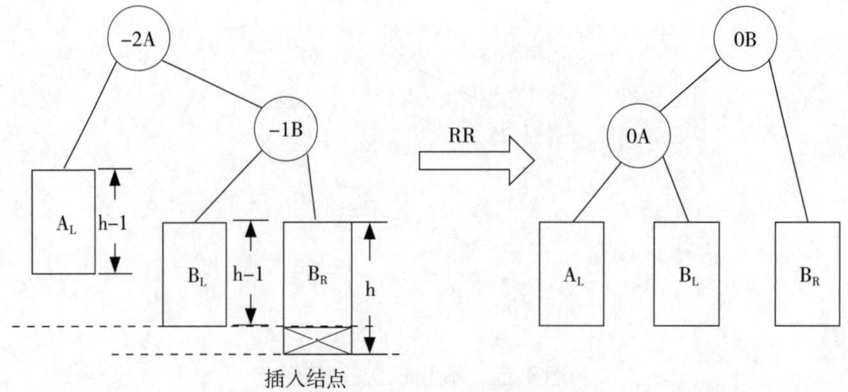

图 4.24　平衡二叉树单向左旋示例

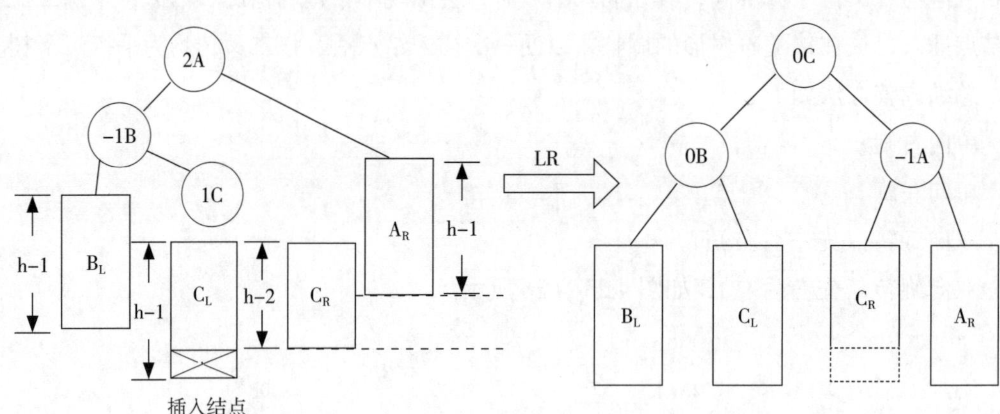

图 4.25　平衡二叉树双向旋转（先左后右）示例

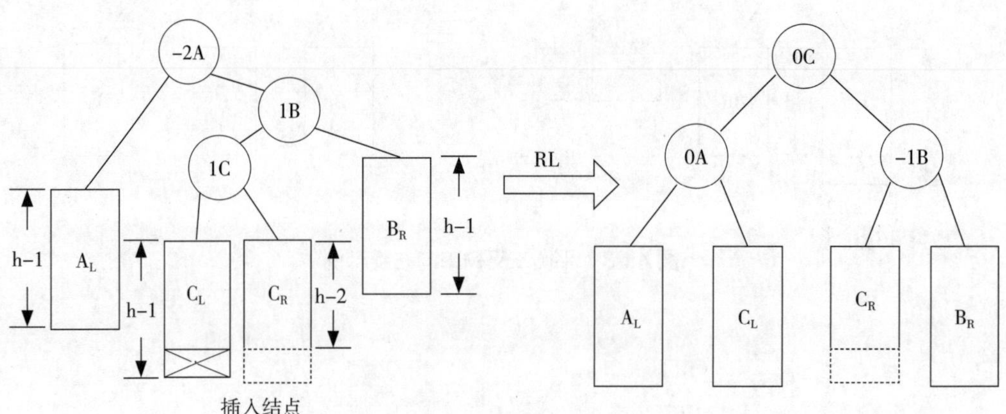

图 4.26　平衡二叉树双向旋转（先右后左）示例

对于平衡二叉树，结点信息除了数据和指针外，还留有一个整型数据 bf，用以保存结点的平衡度，如上图所示。下面给出左旋与右旋的程序代码：

```
void R (BSTree  &t)
{
    l=t->lchild;
    t->lchild=l->rchild;
    l->rchild=t;
    t=l;
}
void L (BSTree  &t)
{
    r=t->rchild;
    t->rchild=r->lchild;
    r->lchild=t;
    t=r;
}
```

下面给出左平衡算法。右平衡算法与左平衡类似，读者可以自行完善。另外插入结点的程序，就是根据平衡度，选择左右平衡算法，读者可以根据书中分析的结论，自行完成插入函数。

```
void  LeftB (BSTree &T)
{
l=T->lchild;
switch (l->bf)
  {
    //1 代表左子树深度比右子树深度深 1
    //-1 代表右子树深度比左子树深度深 1
    case 1:
      //0 代表左右子树平衡
      T->bf=l->bf=0;
      R (T) ;
      break;
    case -1:
      r =l->rchild;
      switch (r->bf)
```

```
            {
                case 1:T->bf=-1;l->bf=0;break;
                case 0:T->bf=l->bf=0;break;
                case -1:T->bf=0;l->bf=1;break;
            }
            r->bf=0;
            L (T->lchild) ;
                R (T) ;
        }
    }
```

4.7 线段树

线段树与区间树类似，主要作用是在连续区间中进行动态查询。线段树也是一种完全二叉树，因此，使用线段树，可以更好更快地完成相关基本操作。

下面使用一个实例来了解线段树。问题如下：从数组 $a[0\cdots n-1]$ 中，查找该数组中某个区间内的最小值，其中该数组长度确定，但数组中的元素可以随时改变。根据这个问题，构造如下的二叉树：

叶子结点是数组 a 中的原始数据

非叶子结点代表为其所有子孙结点的最值（此处使用最小值）

构造的数组 [2, 5, 1, 4, 9, 3] 二叉树如图 4.27 所示。

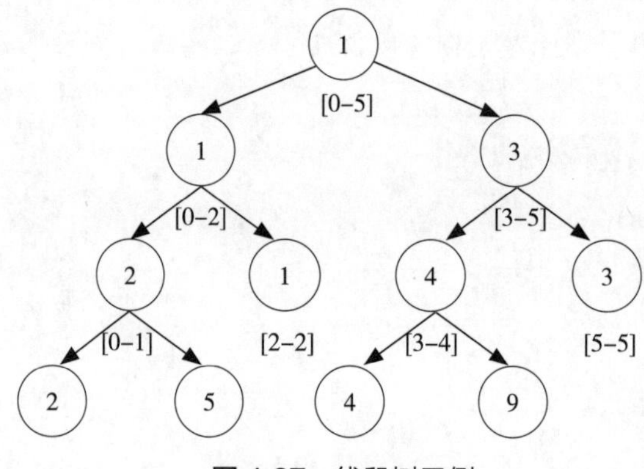

图 4.27　线段树示例

请注意的是，线段树的父结点是平均分割左右子树，因此由完全二叉树的相关内容可知，对于包含 n 个叶子结点的完全二叉树，它一定有 $n-1$ 个非叶结点，总共 $2n-1$ 个结点，那线段树的创建、查询，数据更新是如何完成的呢？

对于模拟线段树，由于其为完全二叉树，这里使用数组进行模拟。

创建线段树的函数如下：

```
const int MAXNUM = 1000;
void build (int root, int arr[], int starttemp, int endtemp)
{
  if (starttemp == endtemp)
    segTree[root] = arr[starttemp];
  else
  {
    int mid =(starttemp + endtemp)/ 2;
    build (root*2+1, arr, starttemp, mid) ;
    build (root*2+2, arr, mid+1, endtemp) ;
    segTree[root] = min (segTree[root*2+1], segTree[root*2+2];
  }
}
```

在构建好线段树后，如何完成查找呢？即如何查找某个区间内的最小值呢？代码如下（假设只存在正数数据）：

```
int query (int root, int nstart, int nend, int qstart, int qend)
{
  if (qstart > nend || qend < nstart)
      return -1;
    if (qstart <= nstart && qend >= nend)
      return segTree[root];
  int mid =(nstart + nend)/ 2;
  return min (query (root*2+1, nstart, mid, qstart, qend),
          query (root*2+2, mid + 1, nend, qstart, qend) ) ;


}
```

有了线段树，如何完成结点内数据的更新？更新操作不仅需要更改叶子结点的值，还需要更新其父结点的值，这有点类似于堆的重建。

```
void updateOne (int root, int nstart, int nend, int index, int addVal)
```

```
{
    if (nstart == nend)
    {
        if (index == nstart)
            segTree[root] += addVal;
        return;
    }
    int mid =(nstart + nend)/ 2;
    if (index <= mid) // 在左子树中更新
        updateOne (root*2+1, nstart, mid, index, addVal) ;
    else
        updateOne (root*2+2, mid+1, nend, index, addVal) ;
    segTree[root] = min (segTree[root*2+1], segTree[root*2+2]) ;
}
```

上述函数是完成单点更新，实际应用中还存在更新整个区间段的情况。如图 4.27，如若更新区间 [0, 3]，则除了叶子结点 3、9 外，所有结点都需要更新，那么使用单点更新就会很麻烦。为此在这里创建一个标记，即线段树数组为 segTree[data][mark]。这个标记的作用就是说明该结点是否进行过某种修改。对于任意区间的修改，先通过区间查询，将其划分成线段树中的结点，然后将这些结点信息进行修改并标记。在修改和查询时，如果找到一个结点 a，并需要进一步探查其子结点，那么需要判断结点 a 是否被标记，如果标记，则按照标记修改其子结点，并给子结点也进行相应标记，同时消除掉结点 a 的标记。

在使用标记方法时，上诉 3 个函数都需要对标记变量进行操作，感兴趣的读者，可以尝试一下。

4.8 并查集

并查集是一种树形数据结构，往往负责合并或查询一些互不相交的集合。在一些有 N 个元素的集合应用问题中，通常在初始阶段，每个元素为一个单元素集合，随着程序的进行，元素按照一定的顺序或通项，将不同的集合进行合并，从而形成较大的集合，而在这其间，需要反复查找某一元素在哪个集合里。

在并查集中，将集合中的数据按照树结构进行排列，判断两个元素是否在同一集合中，就是判断这两个元素是否拥有共同的先祖结点（所在树结构的根结点）。在本节中，使用数组进行模拟，int BUTree[500]，记录了每个结点的直接上级，例如 BUTree[10]=4，即 10 号结点的直接上级（父结点）为 4 号结点，若直接上级为自身，则其为该树结构的根结点。因此查找该结点所在树结构的根结点，代码如下：

```
int unionsearch（int data）
{
    while（data != BUTree [data]）
      data = BUTree [data];
    return data;
}
```

接下来，讨论两个含有多元素集合合并的方式。两个不相交集合，其所形成的树结构必然没有共同的根结点，因此，当给出任意两个不相交集合中的元素，依次寻找其根结点，然后将其中一个根结点作为另一个根结点的子结点，即实现了数据的合并，代码如下：

```
void join（int data1, int data2）
{
    int x, y;
    x = unionsearch（data1）;
    y = unionsearch（data2）;
    if（x != y）
      BUTree [x] = y;
}
```

最后，我们优化上述合并过程。每次通过任意不相交集合中的两个结点，完成数据合并时，需要得到其根结点的位置，因此需要反复向根结点探查，随着数据量的增大，树结构不断复杂，探查根结点的效率就变得难以接受。因此需要使用路径压缩算法，将树结构扁平化。即当一个结点完成其根结点的探查后，将其探查过程中涉及的结点都直接连接在根结点下，这样在下次探查时，只需要完成一步向上探查操作即可。因此 int unionsearch（int data）函数修改如下：

```
int unionsearch（int data）
{
    int son, tmp;
    son = data;
    while（data != BUTree [data]）// 探查根结点
      data = BUTree [data];
```

```
    while (son != data)// 路径压缩
    {
        tmp = BUTree [son];
        BUTree [son] = data;
        son = tmp;
    }
    return data;
}
```

4.9 树状数组

树状数组是一个查询和修改都较为便捷的数据结构，其主要用于数组的单点修改与区间求和。以一个长度为 9（操作时为方便叙述，去掉 0 号结点）的一维数组为例，A[9]，构建其相应的树状数组 C[9]，如图 4.28 所示

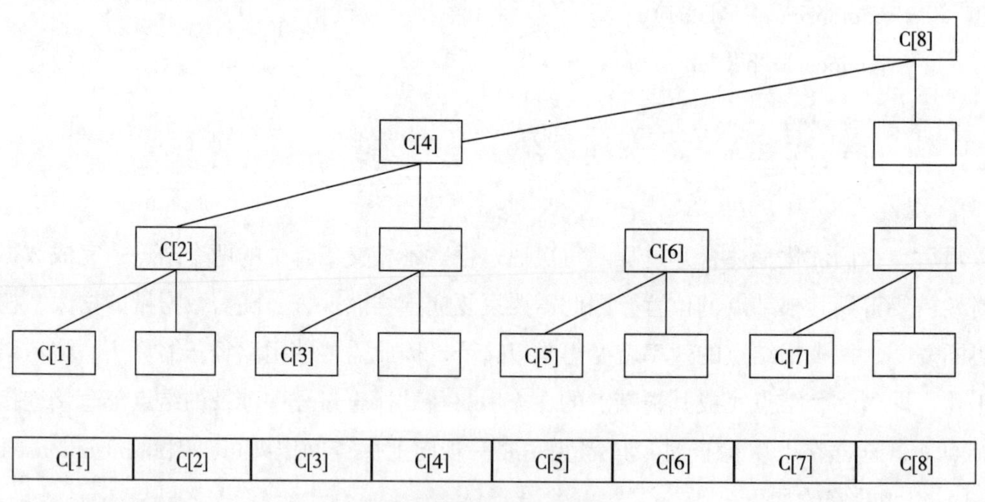

图 4.28　树状数组示例

由图 4.28 可知：

C[1]=A[1]

C[2]=A[1]+A[2]

C[3]=A[3]

C[4]=A[1]+A[2]+A[3]+A[4]

C[5]=A[5]

C[6]=A[5]+A[6]

C[7]=A[7]

C[8]= A[1]+A[2]+A[3]+A[4]+A[5]+A[6]+A[7]+A[8]

将所有下标更改为二进制，例如 C[7] 等价为 C[$(111)_2$]，设 k 为一个二进制从低位到高位连续 0 的长度。由此可推论得到如下公式：

C[i]=A[i−2^k+1]+A[i−2^k+2]+…+A[i]

为了计算 k 值，给出如下函数：

```
int lowbit (x)
{
    return x&-x;
}
```

有了如上介绍和 lowbit 函数，如何完成区间求和呢？以两个例子来说明。

1. 求数组 A 的前 7 项和

sum[7]= A[1]+A[2]+A[3]+A[4]+A[5]+A[6]+A[7]

C[4]=A[1]+A[2]+A[3]+A[4]

C[6]=A[5]+A[6]

C[7]=A[7]

sum[$(111)_2$]=C[$(100)_2$]+C[$(110)_2$]+C[$(111)_2$]

2. 求数组 A 的前 6 项和

sum[6]= A[1]+A[2]+A[3]+A[4]+A[5]+A[6]

C[4]=A[1]+A[2]+A[3]+A[4]

C[6]=A[5]+A[6]

sum[$(110)_2$]=C[$(100)_2$]+C[$(110)_2$]

针对上述过程，给出如下算法：

```
int sum (int x)
{
    int ans=0;
    int i;
    for (i=x;i>0;i-=-lowbit (x))
        ans=ans+C[i];
    return ans;
}
```

即当 x=7 时：

7（111）　　　　　　　　　ans+C[7]

lowbit（7）=1　　i=6　　ans+C[6]

lowbit（6）=2　　i=4　　ans+C[4]

lowbit（4）=4　　i=0

读者可自行推论 6（110）。

接下来，如何完成单点修改呢？修改数组 A 中的数据，数组 C 应该如何变化呢？

可以使用如下函数：

```
void update (int x, int num)
{
    int i;
    int temp=A[num]
    for (i=num;i<=long (C); i+=lowbit (i) )
      C[i]=C[i]-temp+x;
}
```

即当 num=1 时：

1（001）　　　　　　　　　更改 C[1]

lowbit（1）=1　　i=2　　更改 C[2]

lowbit（2）=2　　i=4　　更改 C[4]

lowbit（4）=4　　i=8　　更改 C[8]

4.10 习题

4-1. 在结点个数为 n（n>1）的各棵树中，高度最小的树的高度是多少？它有多少个叶结点？多少个分支结点？高度最大的树的高度是多少？它有多少个叶结点？多少个分支结点？

4-2. 若用二叉链表作为二叉树的存储表示，请编写递归算法，实现统计二叉树中叶结点的个数。

4-3. 若用二叉链表作为二叉树的存储表示，请编写递归算法，以二叉树为参数，交换每个结点的左右子结点。

4-4. 如果一棵树有个度为 n_1 的结点，有 n_1 个度为 2 的结点，…，n_m 个度为 m 的结点，试问有多少个度为 0 的结点？试推导之。

4-5. 一棵具有 n 个结点的理想平衡二叉树（除离根最远的最底层外其他各层都是满的，最底层有若干结点）有多少层？若设根结点在第 0 层，则树的高度如何用 n 来表示（注意 n 可能为 0）？

4-6. 判断以下序列是否是最小堆？如果不是，将它调整为最小堆。

（1）{ 100, 86, 48, 73, 35, 39, 42, 57, 66, 21 }

（2）{ 12, 70, 33, 65, 24, 56, 48, 92, 86, 33 }

（3）{ 103, 97, 56, 38, 66, 23, 42, 12, 30, 52, 06, 20 }

（4）{ 05, 56, 20, 23, 40, 38, 29, 61, 35, 76, 28, 100 }

4-7. 已知一棵完全二叉树存放于一个一维数组 $T[n]$ 中，$T[n]$ 中存放的是各结点的值。试设计一个算法，从 $T[n]$ 开始顺序读出各结点的值，建立该二叉树的二叉链表表示。

4-8. 假定用于通信的电文仅由 8 个字母 c1，c2，c3，c4，c5，c6，c7，c8 组成，各字母在电文中出现的频率分别为 5，25，3，6，10，11，36，4。试为这 8 个字母设计不等长哈夫曼编码，并给出该电文的总码数。

4-9. 给定一组权值：23，15，66，07，11，45，33，52，39，26，58，试构造一棵具有最小带权外部路径长度的扩充 4 叉树，要求该 4 叉树中所有内部结点的度都是 4，所有外部结点的度都是 0。这棵扩充 4 叉树的带权外部路径长度是多少？（提示：如果权值个数不足以构造扩充 4 叉树，可补充若干值为零的权值，再仿照霍夫曼树的思路构造扩充 4 叉树）。

第 5 章 图论

5.1 图的概念

图的定义： 一个图 G 是由两个集合 V 和 E 组成，V 是有限的非空顶点集，E 是 V 上的顶点对所构成的边集，分别用 $V(G)$ 和 $E(G)$ 来表示图中的顶点集和边集。用 $G=(V, E)$ 二元组来表示图 G。

有向图与无向图： 若图 G 中的每条边都是有方向的，则称 G 为有向图。有向边也称为弧。若图 G 中的每条边都是没有方向的，则称 G 为无向图。

完全图： 对有 n 个顶点的图，若为无向图且边数为 $n(n-1)/2$，则称其为无向完全图；若为有向图且边数为 $n(n-1)$，则称其为有向完全图。

邻接顶点： 若 (v_i, v_j) 是一条无向边，则称顶点 v_i 和 v_j 互为邻接点，或称 v_i 和 v_j 相邻接，并称 (v_i, v_j) 边关联于顶点 v_i 和 v_j，或称 (v_i, v_j) 与顶点 v_i 和 v_j 相关联。若 (v_i, v_j) 是一条弧，则称顶点 v_i 邻接至顶点 v_j，顶点 v_i，邻接至顶点 v_j。弧 (v_i, v_j) 与顶点 v_i 和 v_j 关联。

顶点的度： 一个顶点 v 的度是与它相关联（依附）的边的条数。顶点 v 的入度是以 v 为终点的有向边的条数。顶点 v 的出度是以 v 为始点的有向边的条数。有向图的顶点的度等于它的入度与出度之和。

子图： 设有两个图 $G=(V, E)$ 和 $G'=(V', E')$。若 $V'\subseteq V$ 且 $E'\subseteq E$，则称图 G' 是图 G 的子图。

路径： 在图 $G=(V, E)$ 中，若存在一个顶点序列 $vp_1, vp_2, \cdots, vp_m$，使得 (v_i, vp_1)，(vp_1, vp_2)，$\cdots$，(vp_m, v_j) 均属于 E，则称顶点 v_i 到 v_j 存在一条路径。若一条路径上除了 v_i 和 v_j 可以相同外，其余顶点均不相同，则称此路径为一条简单路径。若路径的起点与终点相同则称为简单回路或简单环，如图 5.1 所示。

在无向图 G 中，若顶点 v_i 和 v_j 之间存在路径，则称顶点 v_i 和 v_j 是相互连通的。若图 G 中任意两个顶点都是连通的，则图 G 被称为连通图。非连通图的极大连通子图叫作连通分量。

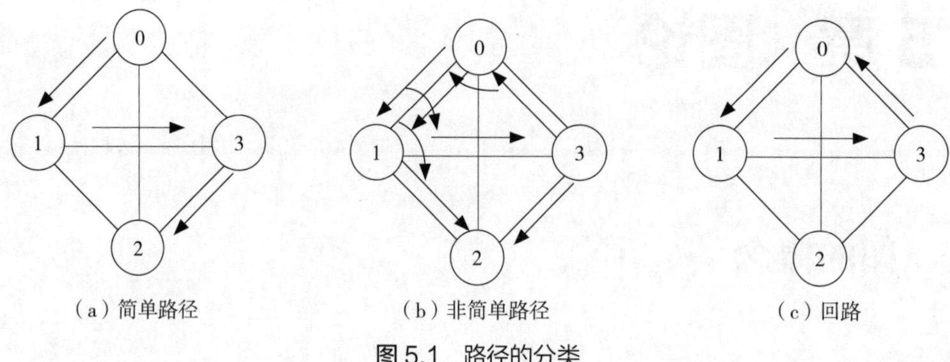

图 5.1 路径的分类

权：某些图的边具有与它相关的数，称之为权。这种带权图叫作网络加权图，如图 5.2 所示。

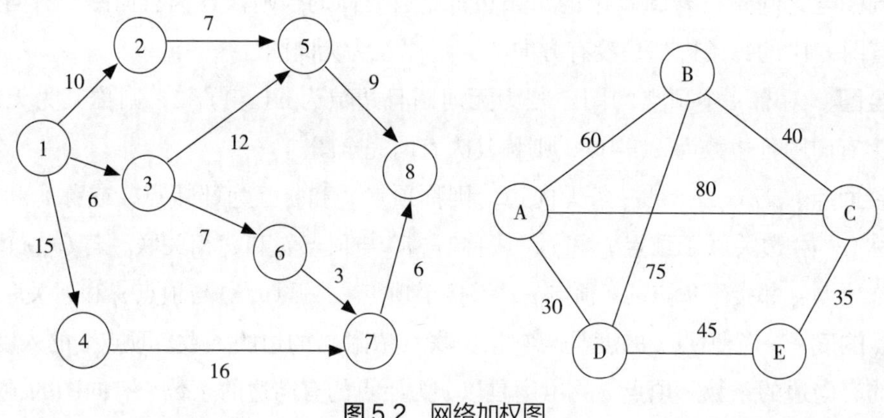

图 5.2 网络加权图

生成树：一个连通图的生成树是它的极小连通子图，在 n 个顶点的情形下，有 $(n-1)$ 条边。

5.2 图的存储

图的存储形式有两种，分别是图的数组（邻接矩阵）存储表示和图的邻接表存储表示。

5.2.1 图的邻接矩阵存储

邻接矩阵——表示顶点间相联关系的矩阵，如图 5.3 和 5.4 所示。定义：设 $G=(V, E)$

是有 n 个顶点的图，G 的邻接矩阵 A 是如下的 n 阶方阵。

$$A[i][j]=\begin{cases}0\,(i,j)\notin E(G)\\1\,(i,j)\in E(G)\end{cases}$$

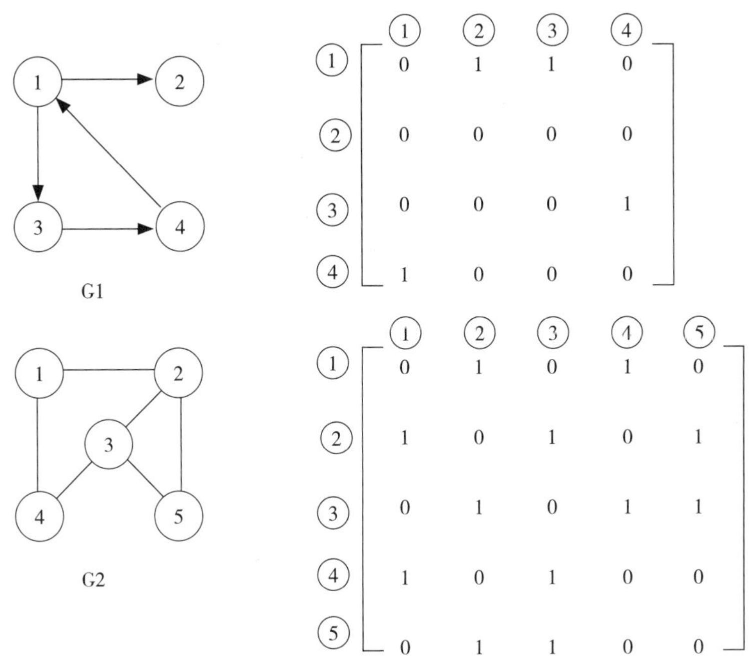

图 5.3　无权值的邻接矩阵存储形式

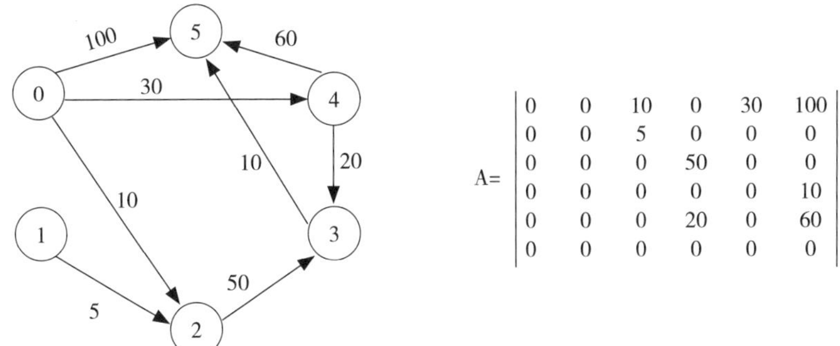

图 5.4　有权值的邻接矩阵存储形式

图的邻接矩阵的性质

(1) 无向图的邻接矩阵对称，可压缩存储；有 n 个顶点的无向图需存储空间为 $n(n+1)/2$。

(2) 有向图邻接矩阵不一定对称；有 n 个顶点的有向图需存储空间为 n^2。

(3) 无向图中顶点 V_i 的度 $TD(V_i)$ 是邻接矩阵 A 中第 i 行元素之和。

(4) 有向图中，顶点 V_i 的出度是 A 中第 i 行元素之和，顶点 V_i 的入度是 A 中第 i 列元素之和。

$$A[i][j]=\begin{cases} w_{ij} & <i,j> \in E(G) \\ 0 & <i,j> \notin E(G) \end{cases}$$

5.2.2 图的邻接表存储

邻接表是图的一种链式存储结构。方法是对图中的每一个顶点建立一个依附于该顶点的边的表，表头结点用顺序结构（结构体数组）的形式存储，如图 5.5 和 5.6 所示。

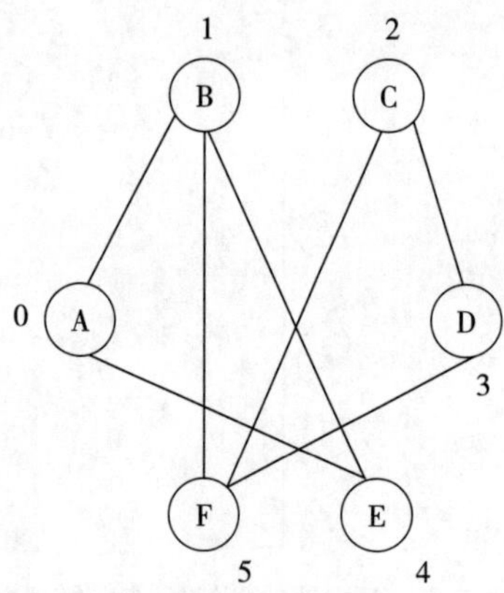

图 5.5 无向图

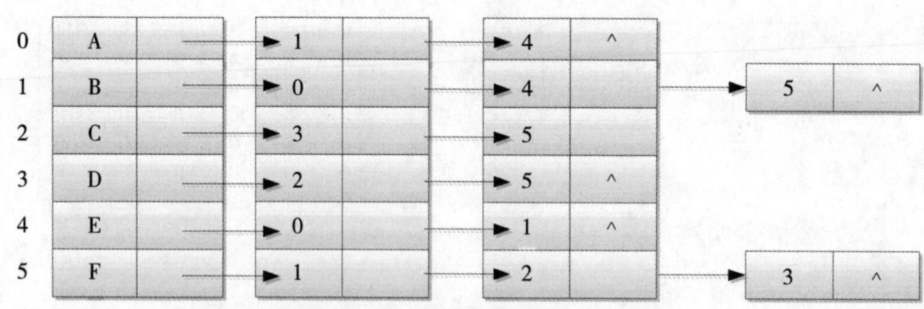

图 5.6 邻接矩阵存储形式

建立结点的结构体：

```
struct edge
{
    int ver;
    struct edge *link;
```

```
};
```

有向图的邻接表存储形式

在有向图的邻接表中，第 i 个边链表链接的边都是顶点 i 发出的边，也叫作出边表。在有向图的邻接表中不易找到指向该顶点的弧，如图 5.7 和 5.8 所示。

在有向图的逆邻接表中，第 i 个边链表链接的边都是进入顶点 i 的边，也叫作入边表。在有向图的逆邻接表中，对每个顶点，链接的是指向该顶点的弧。逆邻接表在求关键路径的时候会应用到。

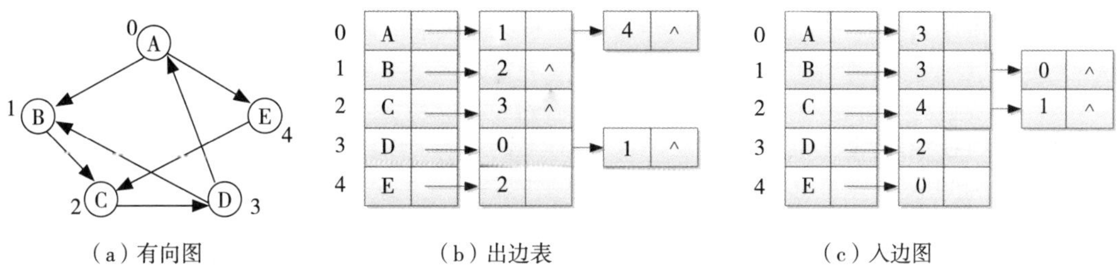

（a）有向图　（b）出边表　（c）入边图

图 5.7　有向图的邻接表存储形式

带权图的邻接表

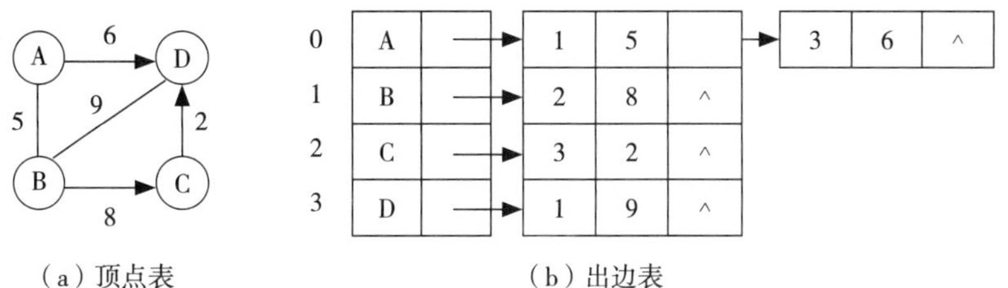

（a）顶点表　（b）出边表

图 5.8　带权图的邻接表存储形式

带权的邻接表和不带权的邻接表区别就在于结构体中多加入一个存储权的变量。结构体定义如下：

```
struct edgeWeight
{
int ver;
int weight;
struct edgeWeight *link;
};
```

5.3 图的遍历

从图中某个任意顶点开始，依次经过图中剩余顶点，并且图中的每个顶点仅被经过一次的过程称为图的遍历。图的遍历用处非常广泛，深度优先搜索遍历和广度优先搜索遍历是图主要的两种遍历。

5.3.1 深度优先搜索

从图中的任意顶点 v_0 开始，经过此顶点，然后依次从 v_0 没有被经过的邻接点进行遍历图，直至图中所有与 v_0 相通的顶点都被访问到；若此时图中仍有顶点没有被访问，则另选图中一个未曾访问的顶点作起始点，重复上述过程，如图 5.9 所示。

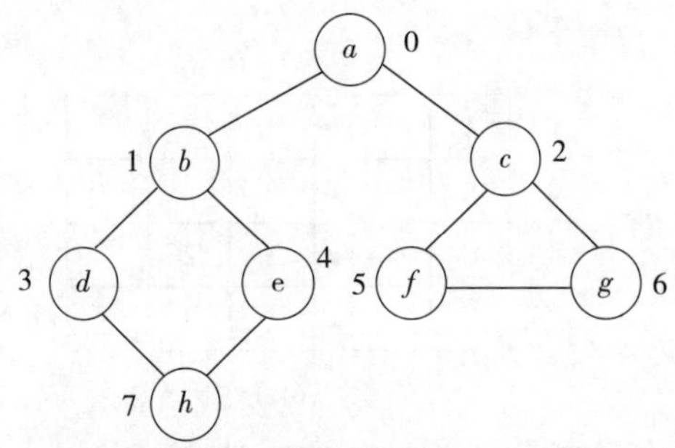

图 5.9 无向图

深度优先遍历的结果为：*a-->c-->g-->f-->b-->e-->h-->d* 或者：*a-->b-->d-->h-->e-->c-->f-->g*。

由图 5.9 深度遍历的结果可以发现遍历的结果不唯一。但是当我们编写程序使用邻接表或者邻接矩阵来进行遍历时，结果却是唯一的。以图 5.9 为例，我们根据图邻接表进行深度遍历的顺序是（如图 5.10 所示）：

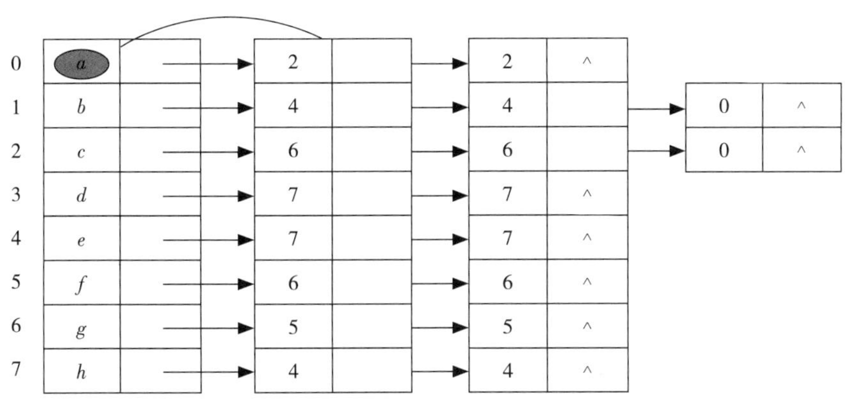

图 5.10 输出 *a*

(1) 遍历结果：*a*。遍历的顺序是选择一个结点作为起始结点，这里我们选择结点 *a* 作为起始结点，遍历的结果是先输出 *a*，程序进入结点 *a* 的邻接结点 *c*，再进行遍历，如图 5.11 所示。

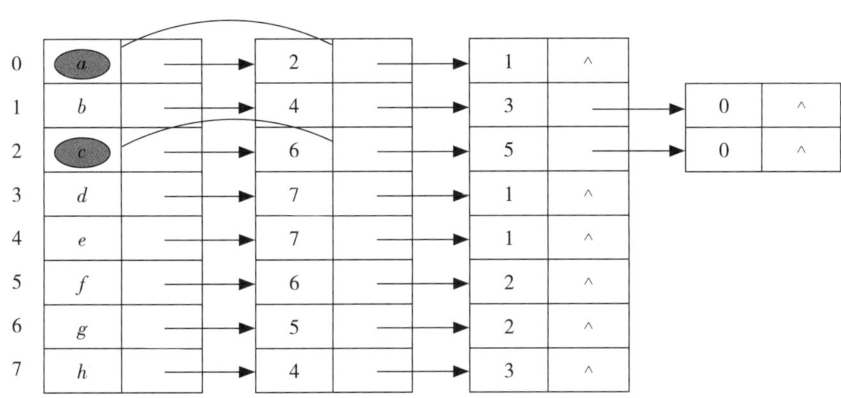

图 5.11 输出 *a*->*c*

(2) 遍历结果：*a*->*c*。遍历的输出 *c*，然后进入结点 *c* 的邻接结点 *g*，进行同样的操作。如果这个结点的邻接结点已经被遍历过了，那么程序则不会跳转，继续遍历该结点其他邻接结点，直到找到没有被遍历过的结点，如图 5.12 所示。

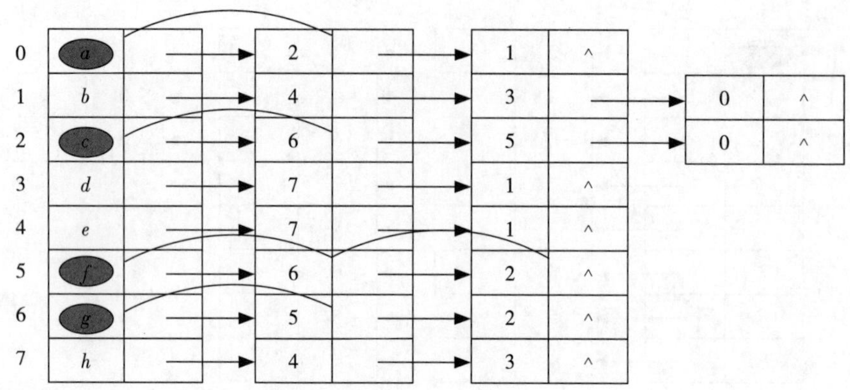

图 5.12　输出 *a->c->g->f*

（3）遍历结果：*a->c->g->f*。程序遍历到结点 *f* 时，寻找结点 f 的邻接结点 *g*，发现该结点已经被访问过了，此时程序跳过结点 *g*，继续寻找结点 *f* 的其他邻接结点也就是结点 *c*。此时我们会发现一个问题，结点 *c* 被遍历过，并且结点 *f* 所有的邻接结点都被遍历过了，这个时候程序应该怎么办那？其实很简单，这个时候程序就需要回退，直接回图 5.13 输出 *a->c->g->f->b* 退到 *f* 结点的前一个结点，也就是结点 *g*，继续寻找结点 *g* 的没有被遍历过的邻接结点。有意思的是，结点 *g* 所有邻接结点也都被遍历过了，那么就需要继续回退，直到找到没有被遍历过的结点，此时程序回退到结点 *c*，如图 5.13 所示。

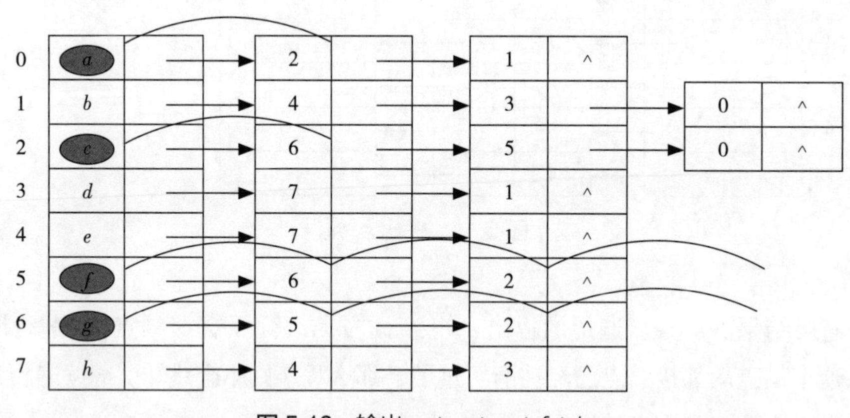

图 5.13　输出 *a->c->g->f->b*

（4）遍历结果：*a->c->g->f->b*。按照这样的思路继续寻找，直到遍历到所有的结点为止。邻接矩阵的算法流程和邻接表是一样的。读者可以参考以下代码，下面的代码是根据邻接矩阵求的深度遍历。

参考代码：

```
void dft (int visited[], int index)
```

```
{
    int(*p) [N]=graph;
    printf ("%3d", index) ;
    for(int i=0;i<N;i++)
    {
        if(p[index][i]==1&&visited[i]!=1)
        {
            visited[i]=1;
            dft (visited, i) ;
        }
    }
}
void getDepthFirstTraversal ( )
{
    int visited[N]={0};
    int(*p) [N]=graph;
    int flag;
    for(int i=0;i<N;i++)
    {
        flag=0;
        for(int jTmp=0; jTmp <N; jTmp ++)
        {
            if(p[jTmp][i]!=0)
            {
                flag=1;
                break;
            }
        }
        if(flag==0)
            visited[i]=-1;
    }
    printf ("DepthFirstTraversal:") ;
    for(inti=0;i<N;i++)
        if(visited[i]==-1)
```

```
        {
            visited[i]=1;
            dft（visited, i）;
        }
    }
```

5.3.2 广度优先搜索

首先，从图 5.14 中任意 *a* 顶点出发，依次经过顶点 *a* 的没被访问的邻接点。其次，分别从这些邻接点出发进行遍历图；访问停止后，如果还有未被经过的顶点，则从这些顶点中重新选择一个顶点重复上述步骤，直到所有顶点被经过，该过程被称为广度优先搜索。如果要实现广度优先遍历，需要借助数据结构中的队列。

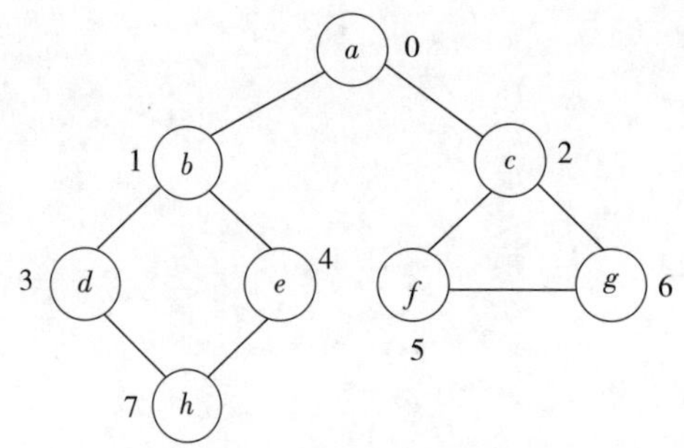

图 5.14　无向图

广度优先遍历的结果为：*a-->b-->c-->d-->e-->f-->g-->h* 或者：*a-->c-->b-->f-->g-->d-->e-->h*。

由上图可知广度遍历的结果同样不唯一。但是当我们编写程序使用邻接表或者邻接矩阵来进行遍历时，结果却是唯一的。算法如下：

（1）程序开始访问起始结点，并将起始入队。

（2）如果队列不空，则出队一个元素，然后将出队元素的所有邻接结点入队。反复执行该步，直到队列为空，算法结束。

注意，编写程序是一定要使用一个数组用来标记已经访问过的结点。每个顶点入队前都需要通过标记数组判断该顶点是否已经被访问过，只有没有被访问过的结点才可以入队。

以图 5.14 为例：

（1）程序先将 *a* 入队，然后将 *a* 出队，并将 *a* 的所有邻接结点 *b* 和 *c* 入队。此时遍历的结果是 *a*；而队列中的元素有 *b*、*c*。

（2）然后将 *b* 出队，*b* 的邻接结点 *d*、*e* 入队。此时遍历的结果 *a-->b*；队列中有 *c*、*d*、*e*。

(3) *c* 出队，然后结点 *c* 的邻接结点 *f*、*g* 入队。此时遍历的结果 *a-->b-->c*；队列中有 *d*、*e*、*f*、*g*。

(4) *d* 出队，然后结点 *d* 的邻接结点 *h* 入队。此时遍历的结果 *a-->b-->c-->d*；队列中 *e*、*f*、*g*。

(5) 根据上面思路队列中 *e*、*f*、*g* 分别出队，直至队列为空。得到遍历结果 *a-->b-->c-->d-->e-->f-->g-->h*。

参考代码：

```
void bft (int visited[], queue<int>myQueue)
{
   int(*p) [N]=graph;
   if(!myQueue.empty ( ))
   {
      int temp=myQueue.front ( ) ;
      myQueue.pop ( ) ;
      printf ("%3d", temp) ;
      for(int i=0;i<N;i++)
      {
         if (p[temp][i]!=0&&visited[i]!=1)
         {
            myQueue.push (i) ;
            visited[i]=1;
         }
      }
      bft (visited, myQueue) ;
   }
}
void getBreadthFirstTraversal ( )
{
   int visited[N]={0};
   int(*p) [N]=graph;
   queue<int> myQueue;
   int flag;
   for(int i=0;i<N;i++)
   {
```

```
        flag=0;
        for(int jTmp=0; jTmp <N; jTmp ++)
        {
            if(p[jTmp][i]!=0)
            {
                flag=1;
                break;
            }
        }
        if(flag==0)
            visited[i]=-1;
    }
    printf ("BreadthFirstTraversal:") ;
    for(inti=0;i<N;i++)
        if(visited[i]==-1)
        {
            visited[i]=1;
            myQueue.push (i) ;
            bft (visited, myQueue) ;
            myQueue.pop ( ) ;
        }
}
```

5.4 最小生成树

问题：

在 n 个相互相邻城市建立交通网，理论上 n 个城市最少需要修建 $(n-1)$ 条线路，请设计一种最节省经费的建设方案？

该问题等价于：

构造网的一棵最小生成树，即：在 n 个结点图中选取 $(n-1)$ 条边（不构成回路），使**“权值之和”**为最小。

5.4.1 普里姆算法

在图 5.15 中 $N=(V, E)$ 选择任意顶点 u_0 出发，选择与之相邻且权值最小的边 (u_0, v)，设置两个集合分别是生成树顶点集合 U 和未被选择的顶点集合 Q，二者满足条件，将满足条件 $V=U\cup Q$ 的顶点加入生成树顶点集合 U 中，并将该顶点从集合 Q 中去掉。然后每次选取顶点满足集合 U 与集合 Q 中顶点的权值最小的边，重复该步骤直到形成最小生成树。

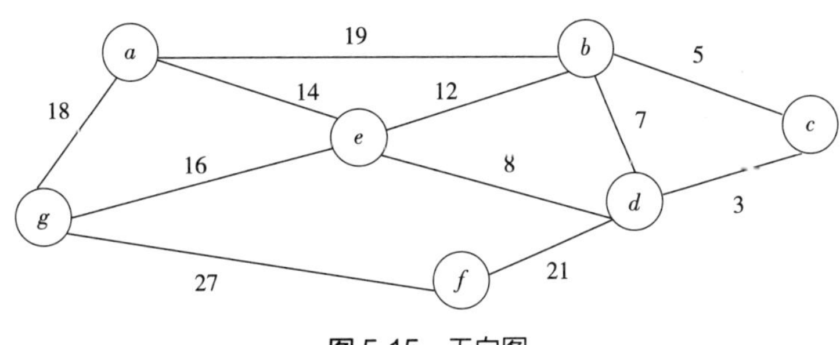

图 5.15 无向图

算法介绍：

(1) 程序首先选择一个起始点，选择结点 a，并且初始化两个集合 U、Q，其中令 $U=\{a\}$、$Q=\{b, c, d, e, f, g\}$。然后计算集合 U 中的所有点和集合 Q 中的所有点的距离，选择其中最小的一个距离，如下图 5.16 所示。

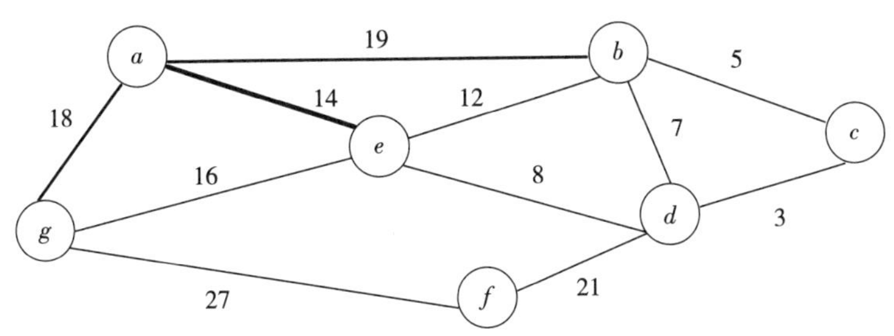

图 5.16 无向图加入边 (a, e)

(2) 可以发现此时集合 U 的点与集合 Q 中的点共有 3 条边分别是：$(a\ b)$，$(a\ e)$，$(a\ g)$。最小值为边 $(a\ e)$，将边 $(a\ e)$ 作为最小生成树的一条边，并修改集合 U、Q，将点 e 加入集合 U 中，令 $U=\{a, e\}$、$Q=\{b, c, d, e, f, g\}$，然后继续同样的步骤如图 5.17：

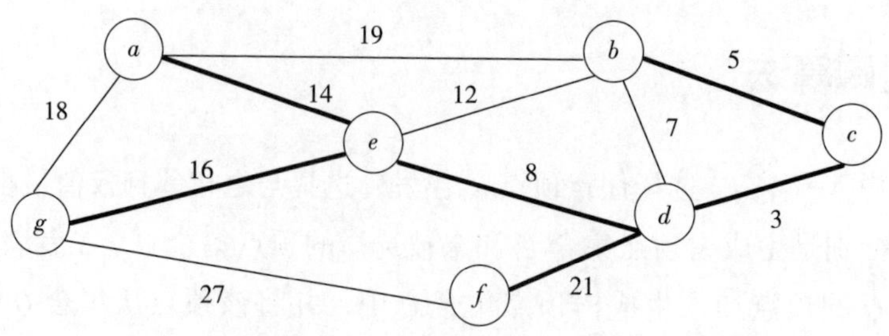

图 5.17　无向图加入边（e, d）

（3）继续选择集合的点与集合 Q 中的点最小值，此时我们发现边 (e, d) 的权值是最小的，这样边 (e, d) 作为最小生成树的一条边并修改集合 V、E，将点 d 加入集合 U 中，令 $U=\{a, e, d\}$、$Q=\{b, c, f, g\}$。

（4）重复以上步骤直到形成最小生成树（n 个结点，重复 $n-1$ 次），但是这里需要注意一点，就是每次找到一条边的时候一定要判断，新加入的一条边是否会形成回路（环路），如果形成回路的话则不选择改变，同样利用上面的方法再选择另外一条边。例如图 5.18 所示。

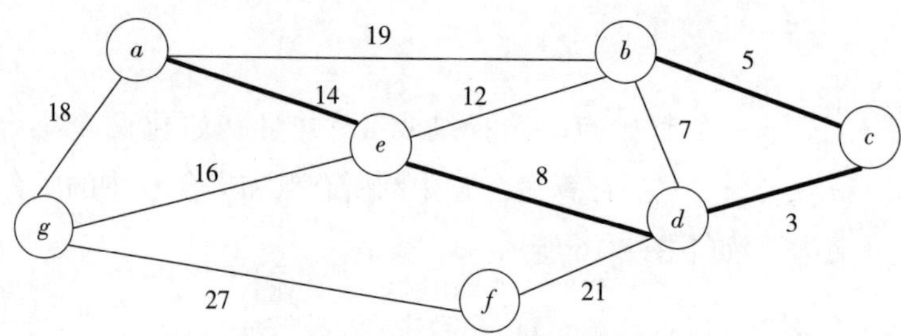

图 5.18　无向图加入边产生回路

根据上面所讲，此时下一条边应该选择 (e, b)，但是如果加入边 (e, b) 则会 $\{e, d, c, b\}$ 构成回路，所以下一条边不能选择 (e, b)，而应该选择 (e, g)，最终得到最小生成树，如图 5.19 所示。

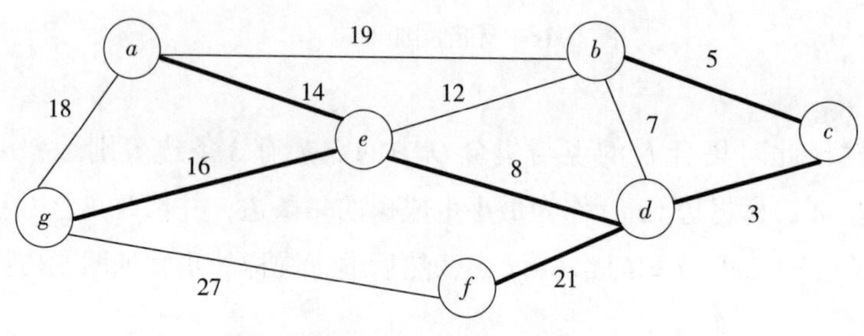

图 5.19　最小生成树

5.4.2　克鲁斯卡尔算法

$G=\{V, E\}$ 是一个有 n 个顶点的连通图，初始化只有 n 个顶点无边的图 $T=\{V, \{\varnothing\}\}$。从边的集合中选择权值最小的边加入图 T 中，在加入之前需要判断加入后图 T 中是否存在环，如果存在则舍弃，继续选择下一条权值最小的边进行判断，直至形成最小生成树。

例题：

如图 5.20 所示的赋权图表示某 7 个城市及它们之间直接通信道路造价预算（单位：万元），试给出一个设计方案，使得各城市之间既能够通信又使总造价最小，并计算其最小值。

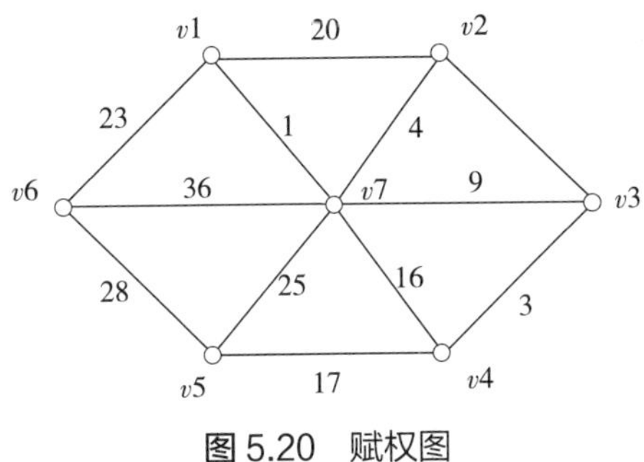

图 5.20　赋权图

解决方法：

在本题中将采用克鲁斯卡尔算法来解决问题。从题目所给赋权图中我们可以得到该图的邻接矩阵为：

$$G=\begin{bmatrix} 0 & 20 & 0 & 0 & 0 & 23 & 1 \\ 20 & 0 & 15 & 0 & 0 & 0 & 4 \\ 0 & 15 & 0 & 3 & 0 & 0 & 9 \\ 0 & 0 & 3 & 0 & 17 & 0 & 16 \\ 0 & 0 & 0 & 17 & 0 & 28 & 25 \\ 23 & 0 & 0 & 0 & 28 & 0 & 36 \\ 1 & 4 & 9 & 16 & 25 & 36 & 0 \end{bmatrix}$$

将题中的赋权图中 i，j 两个城市之间的造价费用边记为 S_{ij}，则从小到大排序如下：

顺序	1	2	3	4	5	6	7	8	9	10	11	12
边	S_{17}	S_{34}	S_{27}	S_{37}	S_{23}	S_{47}	S_{45}	S_{12}	S_{16}	S_{57}	S_{56}	S_{67}
费用	1	3	4	5	15	16	17	20	23	25	28	36

则构造步骤如下：

（1）开始构造前，令 $T=\{V, \{\varnothing\}\}$，$Cost=0$，如图 5.21 所示。

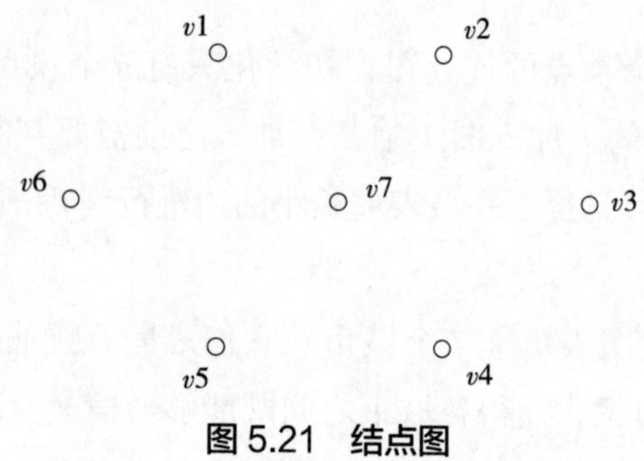

图 5.21　结点图

（2）从图中选择权值最小的边 S_{17}，则 $T=\{2, 3, 4, 5, 6, \{S_{17}\}\}$，造价为 1，如图 5.22 所示。

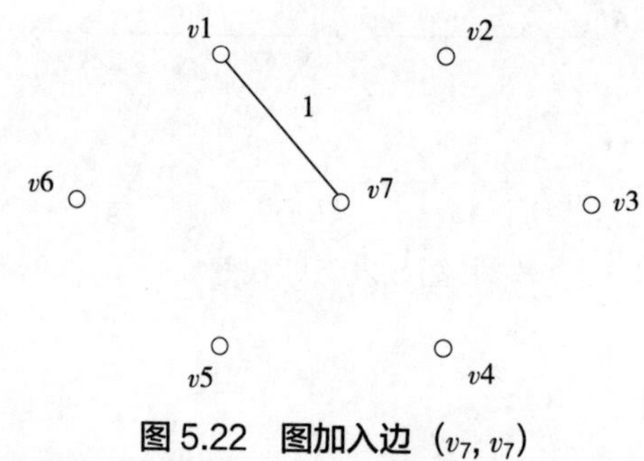

图 5.22　图加入边（v_7, v_7）

（3）选择权值次小的边 S_{34}，加入 T 中，此时 $T=\{2, 5, 6, \{S_{17}, S_{34}\}\}$，造价为 1+3=4，如图 5.23 所示。

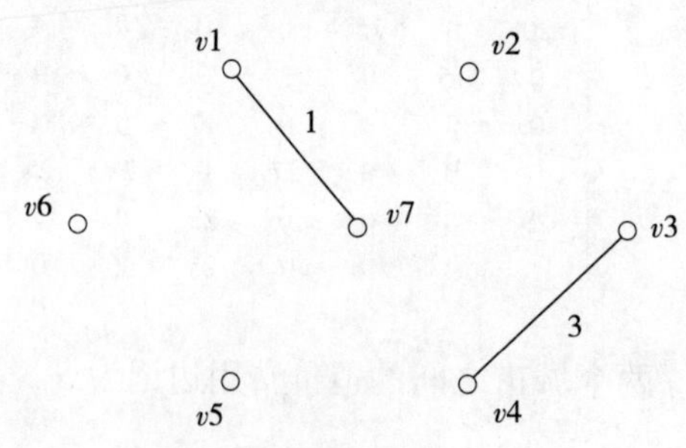

图 5.23　图加入边（v_3, v_4）

（4）接着选择造价第三小的序号 3 的边，即 S_{27}，加入 T 中，此时 $T=\{\{5, 6\}, \{S_{17}, S_{34}, S_{27}\}\}$，此时 $Cost=4+4=8$，如图 5.24 所示。

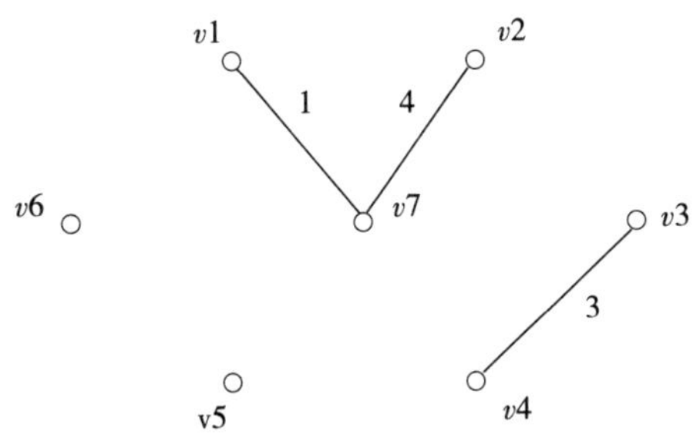

图 5.24 图加入边（v_2, v_7）

（5）接着选择造价第四小的序号 4 的边，即 S_{37}，加入 T 中，此时 T={{5, 6}, {S_{17}, S_{34}, S_{27}, S_{37}}}，$Cost$=8+9=17，如图 5.25 所示。

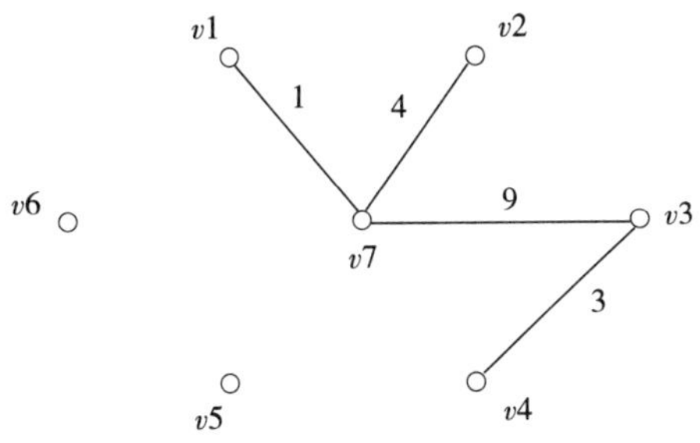

图 5.25 图加入边（v_3, v_7）

（6）选择权值第五小的边 S_{23}，加入边 S_{23} 后，{S_{23}, S_{27}, S_{37}} 将构成环，因此舍弃该边，如图 5.26 所示。

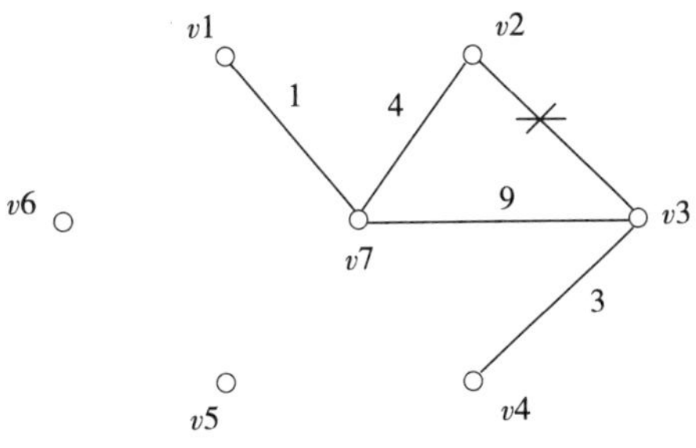

图 5.26 图加入边（v_2, v_3）后形成回路

（7）选择权值第六小的边 S_{47}，同样加入后 {S_{34}, S_{37}, S_{37}} 将构成环，同理舍弃该边，如图 5.27 所示。

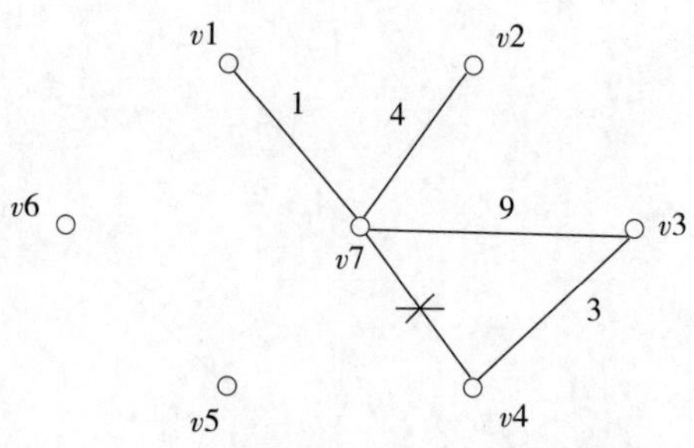

图 5.27　图加入边（v_4, v_7）后形成回路

（8）选择造价第七小的序号为 7 的边，即 S_{45}，加入 T 中，此时 T={{6}, {S_{17}，S_{34}，S_{27}，S_{37}，S_{45}}}，*Cost*=17+17=34，如图 5.28 所示。

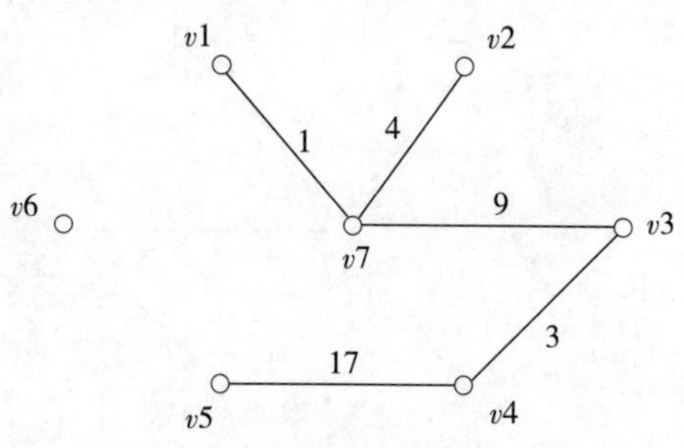

图 5.28　图加入边（v_4, v_5）

（9）接着选择造价第八小的序号 8 的边，即 S_{12}，由于加入后边 {S_{12}，S_{27}，S_{17}} 将构成环，舍弃该边，如图 5.29 所示。

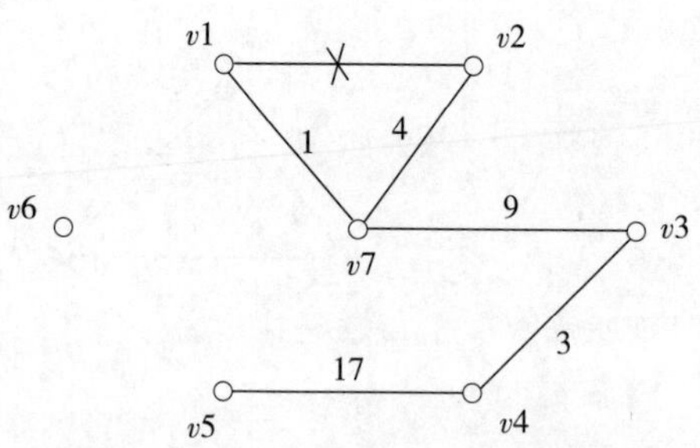

图 5.29　图加入边（v_4, v_5）后形成回路

（10）选择造价第九小的序号为 9 的边，即 S_{16}，加入 T 中，此时 T={{∅}，{S_{17}，S_{34}，S_{27}，S_{37}，S_{45}，S_{16}}}，*Cost*=34+23=57，如图 5.30 所示。

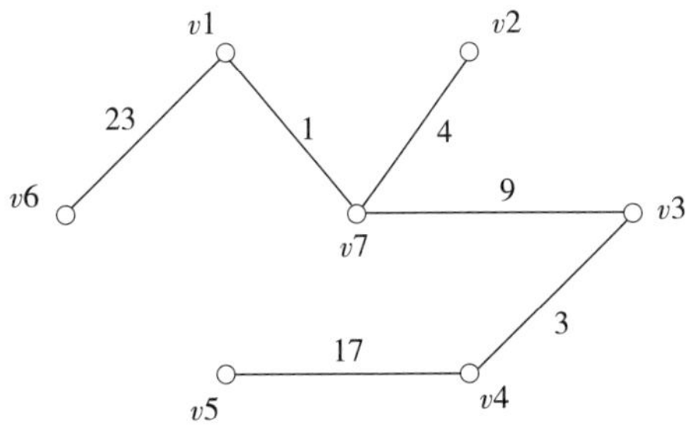

图 5.30　图加入边（v_1, v_6）

（11）由于加入边的数量已经达到最大值，此时图中所有顶点均包含在生成树中，算法结束，参考代码如下：

```
int kruskalGraph[POINT][POINT]={0};
int weightData[BIAN]={0};
struct edge
{
    int x, y;
    int weight;
};
edge e[BIAN];
int father[BIAN];
int size[BIAN];
int sum;

int cmp（const void *a, const void *b）
{
    if（（*（edge *）a）.weight==（*（edge *）b）.weight）
      return（*（edge *）a）.x-（*（edge *）b）.x;
    return（*（edge *）a）.weight-（*（edge *）b）.weight;
}
void setFather（int x）
{
    father[x]=x;
    size[x]=0;
}
int find（int xTmp）
```

```
{
    if (father[xTmp]!= xTmp)
        father[xTmp]=find (father[xTmp]) ;
    return father[xTmp];
}
void unionXY (intx, inty, int w)
{
    if (find (x) ==find (y) )
        return;
    if (size[x]>size[y])
        father[y]=x;
    else
    {
        if (size[x]==size[y])
            size[x]++;
        father[x]=y;
    }
    sum=sum+w;
}
void getKruskal ( )
{
    int a, b, weight, count;
    for (count=0;count<BIAN;count++)
    {
        scanf ("%d%d%d", &a, &b, &weight) ;
        e[count].x=a;
        e[count].y=b;
        e[count].weight=weight;
        setFather(a);
        setFather(b);
    }
    qsort (e, count, sizeof(edge), cmp) ;
    for (inti=0;i<count;i++)
    {
```

```
        int x=find (e[i].x) ;
        int y=find (e[i].y) ;
        if (x!=y)
        {
            unionXY (x, y, e [i].weight) ;
            printf (" (%d, %d) ", e[i].x, e[i].y);
        }
    }
    printf ("\n 最小生成树的值为 :%d\n", sum) ;
}
```

5.5 最短路径

本节介绍数据结构中经典的一类问题，求最短路径。该问题有很大的实际应用价值，比如交通网，通过最短路径方法，可以找到经过顶点最少的路径、距离最短的路径、花费最少的路径等等。考虑到这类问题存在有向性（比如水路前往目标城市，顺水行船和逆水行船时间不同），本节将讨论带权值的（比如交通网，连接两个城市的公路总长等）有向图，并将路径上的第一个顶点称为源点，最后一个顶点称为终点。下面讨论两种最常见的最短路径问题。

先讨论这样一个问题：在给定的带权有向图 G 和源点 v，求从 v 到 G 中其余顶点的最短路径。例如图 5.31，为一个带权有向图，图 5.32 为源点到各个顶点的最短路径。

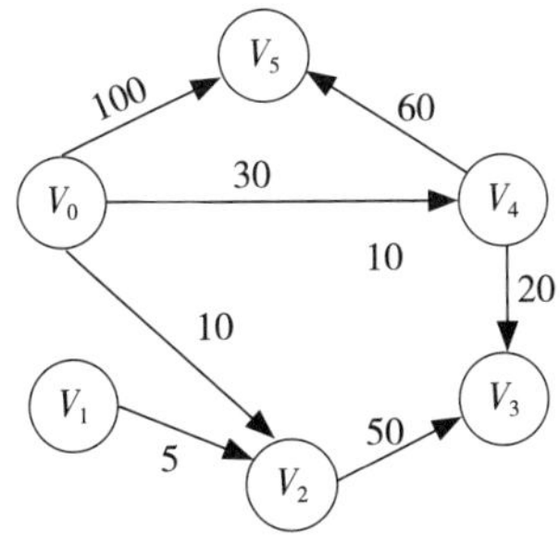

图 5.31 带权有向图 G

表 5.1　源点到各个顶点的最短路径

源点	终点	最短路径	路径长度
v_0	v_1	无	
	v_2	(v_0, v_2)	10
	v_3	(v_0, v_4, v_3)	50
	v_4	(v_0, v_4)	30
	v_5	(v_0, v_4, v_3, v_5)	60

从表 5.1 中，可知存在 v_0 到 v_3 的两条路径，分别是 $\{v_0, v_2, v_3\}$ 路径长度为 60 和 $\{v_0, v_4, v_3\}$ 路径长度为 50，因此后者为 v_0 到 v_3 的最短路径。

最短路径的求解方法在实际应用中占有重要作用，其中迪杰斯特拉算法为最常用的最短路径求解方法。

首先，引进一个辅助向量 L，它的每一个分量 $L[i]$ 代表当前找到的从源点到 v_0 每个终点 v_i 的最短路径长度。其初始状态为：若 v_0 和 v_i 之间有弧，则 $L[i]$ 为该弧的权值，否则 $L[i]$ 为正无穷 ∞ 。这样看来，向量 L 中的最小分量 L[j] 就是从 v_0 出发的最小的一条路径，该路径为（v_0, v_i）。

接下来，如何求得次短路径呢？假设该次短路径的终点为 v_k，则这条路径要么是（v_0, v_k），或者是（v_0, v_i, v_k），其长度为 v_0 连接 v_k 的弧的权值，或者是 $L[j]$ 加上 v_j 到 v_k 弧上权值的和。

通常情况下，假设 D 是已经求得的最短路径终点集合，可以证明：下一条最短路径（设其终点为 x）或者是（v_0, v_x），要么是经过 D 中顶点到达 x 的所有弧的权值和。假设经过的顶点不在集合 D 中，说明存在一条最短路径，并且路径的终点不在 D 中。但这是不可能的，因为 D 是按照路径长度递增的次序来产生的，因此，最短路径的终点必然在集合 D 中。因此，下一条最短路径的长度为 $L[j] = MIN\{L[i]|v_i \in V\text{–}D\}$（$V$ 是顶点集合）。

其中，$L[j]$ 或者是（v_0, v_j）连接弧的权值，或者是 $L[k]$（$k \in D$）和弧（v_k, v_i）上的权值和。根据上述分析，得到如下算法描述：

（1）使用带权的邻接矩阵 arc 来表示有向图 G，$arc[i][j]$ 则表示弧 $< v_i, v_j >$ 上的权值。若弧 $< v_i, v_j >$ 不存在，则 $arc[i][j]$ 趋近∞时，D 是路径顶点集合，从 v_0 开始出发，最短路径的终点集合，其初始状态为空。此时，到其余各定点 v_i 的初值为：

$$L[i] = arc[0][i] (v_i \in V)$$

（2）选择 v_j，使得 $L[j] = MIN\{L[i]|v_i \in V\text{–}D\}$，即 v_j 为当前求得的一条从 v_0 出发的最短路径终点，并实现 $D = D \cup \{j\}$。

（3）修改从初始顶点 v_0 开始到 $V-D$ 上的顶点 v_k 的最短路径，即 $L[i]$ = $arc[j][k]<L[k]$ 则 $L[k]$ = $L[j]+arc[j][k]$

（4）重复(2)(3)，共 $n-1$ 次，即可求得从起始点 v_0 到其余各定点的最短路径。

迪杰斯特拉算法的伪代码描述如下：

```
void DIJShort（Graph G, int v0, Path &p, ShortLong &L）
{
    // 初始化向量 L 及向量 p
    for（v=0;v<G.vnum;v++）
    {
      final[v]=0;// 用以标记 v 是否在集合 D 中
      L[v]=G.arc[v0][v];
      for（w=0;w<G.vnum;w++）
p[v][w]=0;
      if（L[v]<MAX）
      {
        p[v][v0]=1;
        p[v][v]=1;
      }
      }
L[v0]=0;
  final[v0]=1;
  for（i=1;i<G.vnum;i++）
  {
    min=MAX;
    for（w=0;w<G.vnum;w++）
      if（!final[w]）
        if（L[w]<min）{v=w，min=L[w];}
    final[v]=1;
    for（w=0;w<G.vnum;w++）
    {
      if（!final[w]&&（min+G.arc[v][w]<L[w]））
      {
        L[w]= min+G.arc[v][w];
        p[w]=p[v];
```

```
            p[w][w]=1;
          }
        }
      }
    }
```

下图为有向图的邻接矩阵：

$$\begin{bmatrix} \infty & \infty & 10 & \infty & 30 & 100 \\ \infty & \infty & 5 & \infty & \infty & \infty \\ \infty & \infty & \infty & 50 & \infty & \infty \\ \infty & \infty & \infty & \infty & \infty & 10 \\ \infty & \infty & \infty & 20 & \infty & 60 \\ \infty & \infty & \infty & \infty & \infty & \infty \end{bmatrix}$$

则对其使用迪杰斯特拉算法，其过程如下：

终点	源点到不同终点的求解过程				
	$i=1$	$i=2$	$i=3$	$i=4$	$i=5$
v_1	∞	∞			
v_2	10				
v_3	∞	60	50		
v_4	30	30			
v_5	100	100	90	60	
v_j	v_2	v_4	v_3	v_5	
D	$\{v_0,v_2\}$	$\{v_0,v_2,v_4\}$	$\{v_0,v_2,v_3,v_4\}$	$\{v_0,v_2,v_3,v_4,v_5\}$	

由迪杰斯特拉算法，可以求得单一源点到其余顶点的最短路径，因此，若想求得每一对顶点之间的最短路径，可以对每一个顶点使用迪杰斯特拉算法，即可得到结果。但这里，介绍另外一种算法，弗洛伊德算法去求解问题。

其基本思想如下：

假设，求顶点 v_i 到 v_j 顶点的最短路径。若两者之间存在一条长度为 $arc[i][j]$ 的路径，则该路径并一定是最短的，需要进行多次试探。首先，判断路径 (v_i, v_0, v_j) 是否存在，若存在，则比较 (v_i, v_j) 与 (v_i, v_0, v_j) 的路径长度，长度较小的路径作为从顶点 v_i 到 v_j 顶点的中间顶点的最短路径。

此时如果加入顶点 v_1，则判断路径 $(v_i, \cdots, v_1)$ 和 $(v_1, \cdots, v_i)$ 分别是当前找到的顶点的最短路径，那么 $(v_i, \cdots, v_1, \cdots, v_j)$ 就有可能是 v_i 到 v_j 的最短路径。将它和之前得到的从 v_i

到 v_j 中间顶点的最短路径相比较，长度较小者即为最短路径，以此类推。经过 n 次推演，最后得 v_i 到 v_j 的必然是到的最短路径。使用该方法，可依次得到每一对顶点的最短路径。算法描述为首先定义 n 阶方阵序列 $D^{(-1)}$，$D^{(0)}$，$D^{(1)}$，…，$D^{(k)}$，$D^{(n-1)}$

其中 $D^{(-1)}[i][j]=G.arc[i][j]$

$$D^{(k)}[i][j] = Min\{D^{(k-1)}[i][j], D^{(k-1)}[i][k]+D^{(k-1)}[k][j]\}\ (0 \leqslant k \leqslant n-1)$$

从上述公式 $D^{(k)}[i][j]$，就是从顶点 v_i 到顶点 v_j，中间顶点序号不大于 k 的最短路径的长度，其代码如下：

```
void FLOYDShort (Graph G, Path &p[], DistanceM &D)
{
  for (int vTmp=0; vTmp <C.vnum; vTmp ++)
  {
    for (int wTmp=0; wTmp <G.vnum; wTmp ++)
    {
      D[vTmp][wTmp]=G.arc[vTmp][wTmp];
      for (int u=0;u<G.vnum;u++)
      {
        p[vTmp][wTmp][u]=0;
      }
      if (D[vTmp][wTmp]<MAX)
      {
        p[vTmp][wTmp][vTmp]=1;
        p[vTmp][wTmp][wTmp]=1;
      }
    }
  }
  for (int u=0;u<G.vnum;u++)
    for (int vTmp =0; vTmp <G.vnum; vTmp ++)
      for (int wTmp =0; wTmp <G.vnum; wTmp ++)
        if (D[vTmp][u]+D[u][wTmp]<D[vTmp][wTmp])
        {
          D[vTmp][wTmp]= D[vTmp][u]+D[u][wTmp];
          for (int i=0;i<G.vnum;i++)
            p[vTmp][wTmp][i]=p[vTmp][u][i]||p[u][wTmp][i];
```

```
    }
}
```

程序执行过程模拟如下见图 5.32 和 5.33 所示：

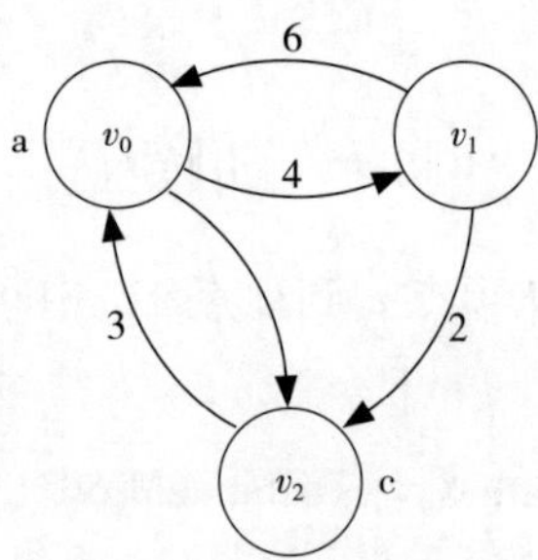

图 5.32　带权有向图 G

$$\begin{bmatrix} 0 & 4 & 11 \\ 6 & 0 & 2 \\ 3 & \infty & 0 \end{bmatrix}$$

图 5.33　邻接矩阵

D	$D^{(-1)}$			$D^{(0)}$			$D^{(1)}$			$D^{(2)}$		
	0	1	2	0	1	2	0	1	2	0	1	2
0	0	4	11	0	4	11	0	4	6	0	4	6
1	6	0	2	6	0	2	6	0	2	5	0	2
2	3	∞	0	3	7	0	3	7	0	3	7	0
P	$P^{(-1)}$			$P^{(0)}$			$P^{(1)}$			$P^{(2)}$		
	0	1	2	0	1	2	0	1	2	0	1	2
0		AB	AC		AB	AC		AB	ABC		AB	ABC
1	BA		BC	BA		BC	BA		BC	BCA		BC
2	CA			CA	CAB		CA	CAB		CA	CAB	

5.6　拓扑排序

从某一个集合的偏序得到这个集合的全序，这样的操作就是拓扑排序。直观上看，偏序就是集合中只有部分成员可以互相比较，全序指全体成员都可以互相比较。

比如，图中弧 <x，y> 代表 $x \leqslant y$，则图 5.34 为偏序（无法得到 v_2 与 v_3 的大小关系），而图 5.35 就是全序。

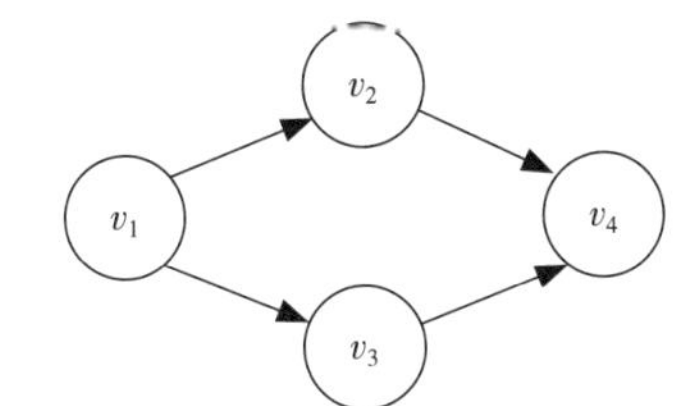

图 5.34　偏序示例

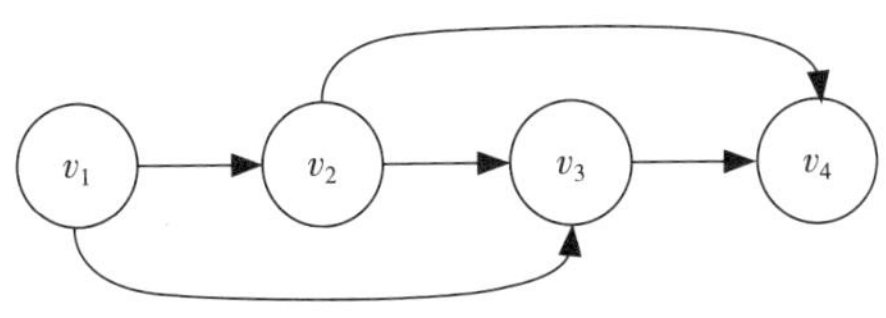

图 5.35　全序示例

在实际生活中，偏序往往用于表达流程图或者数据流图，由偏序定义得到的拓扑有序序列的操作就是拓扑排序。

在介绍拓扑排序前，需要了解什么是拓扑网。拓扑网是一种有向图，其用顶点表示活动，用有向弧表示活动的优先关系。以图 5.36 为例，v_1 活动无先决条件，而 v_2、v_3 需要等待 v_1 活动结束后才执行，v_4 需要等待 v_2、v_3 两个活动结束都结束后才执行。需要注意的是拓扑网不能有环，从理解上，如果有环意味着该活动以自己为先决条件，着显然是不符合逻辑的。

那如何进行拓扑排序呢？

在有向图中找到一个没有前驱的顶点，并输出；

从图中删除该点及其以它为尾的弧；

重复以上步骤，直至输出全部顶点。

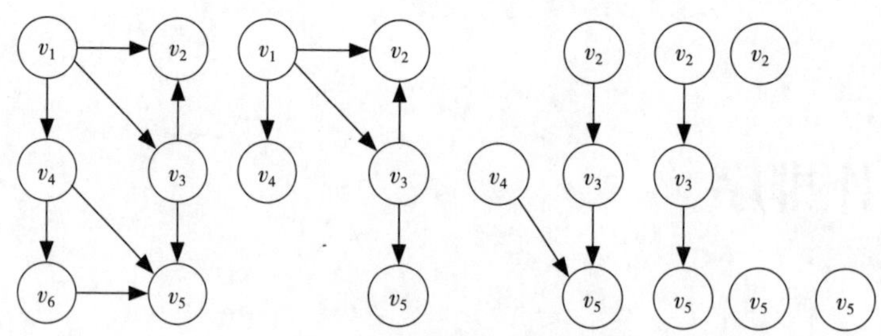

图 5.36　拓扑排序示例

初始情况，存在两个无前驱的顶点，v_1 与 v_6，可任选。选择 v_6 并弹出该顶点及以它为尾的弧，图中只有 v_1 无前驱，弹出 v_1 及其相关弧后，图中有 v_3、v_4 无前驱，任选其一，弹出 v_4 后，选择 v_3 弹出，最后选择 v_2 及 v_5 弹出，得到拓扑序列 $\{v_6, v_1, v_4, v_3, v_2, v_5\}$。

那如何在计算机中实现该算法呢？可以使用邻接表保存有向图，在头结点中，添加保存入度的数组，入度为零的顶点即为无前驱的顶点。在完成删除顶点和相关弧的操作后，维护该数组，即可得到新的有向图。

5.7　习题

5-1. 对于图 5.37 所示的有向图，试写出：

从顶点①出发进行深度优先搜索所得到的深度优先生成树；

从顶点②出发进行广度优先搜索所得到的广度优先生成树。

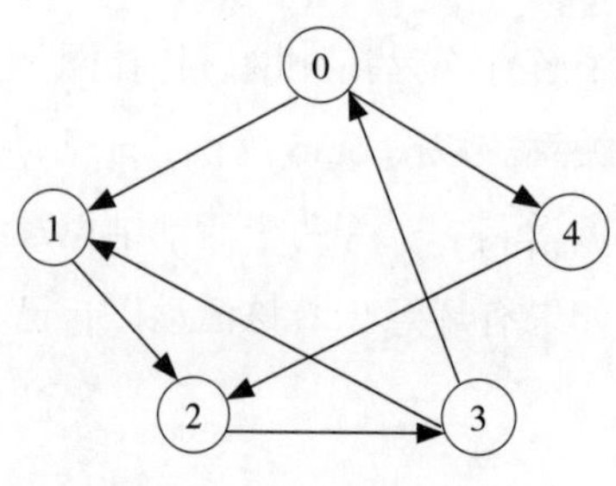

图 5.37　拓扑排序示例

5-2. 用邻接矩阵表示图时，若图中有 1000 个顶点，1000 条边，则形成的邻接矩阵有多少矩阵元素？有多少非零元素？

5-3. 用邻接表表示图时，顶点个数设为 n，边的条数设为 e，在邻接表上执行有关图的遍历操作时，时间代价是 $O(n\times e)$？还是 $O(n+e)$？或者是 $O(\max(n\times e))$？

5-4. 若拓扑网络的每一项活动都是关键活动。令 G 是将该网络的边去掉方向和权后得到的无向图。

（1）如果图中有一条边处于从开始顶点到完成顶点的每一条路径上，则仅加速该边表示的活动就能减少整个工程的工期。这样的边称为桥。证明若从连通图中删去桥，将把图分割成两个连通分量。

（2）编写一个时间复杂度为是 $O(n+e)$ 的使用邻接表表示的算法，判断连通图 G 中是否有存在桥，若存在则输出桥。

5-5. 在以下假设下，重新编写迪杰斯特拉算法：

（1）用邻接表表示带权有向图 G，其中每个边结点有 3 个域：邻接顶点 *vertex*，边上的权值 *length* 和边链表的链接指针 *link*。

（2）用集合 $T=V(G)-S$ 代替 S（已找到最短路径的顶点集合），利用链表来表示集合 T。

试比较新算法与原来的算法，计算时间是快了还是慢了，给出定量的比较。

5-6. 设有一个有向图存储在邻接表中。试设计一个算法，按深度优先搜索策略对其进行拓扑排序。并以右图为例检验你的算法的正确性。

5-7. 画出 1 个顶点、2 个顶点、3 个顶点、4 个顶点和 5 个顶点的无向完全图。试证明在 n 个顶点的无向完全图中，边的条数为 $n(n-1)/2$。

5-8. 对于有 n 个顶点的无向图，采用邻接矩阵表示，如何判断以下问题：图中有多少条边？任意两个顶点 i 和 j 之间是否有边相连？任意一个顶点的度是多少？

第 6 章 计算几何

计算几何是几何学的一个重要分支，也是计算机科学的一个分支，是研究解决几何问题的算法。计算几何问题的输入一般是关于一组几何物体（如点、线）的描述；输出常常是有关这些物体的问题的回答，如直线是否相交，点围成的面积等问题，最有名的例子就是凸包问题。

算法中的计算几何题有一些不同于一般几何题的、很明显的特点。它们不会是证明题，依靠计算机进行的证明是极为罕见的。计算机擅长的是高速运算，所以这类题目中一般都有一个（或多个）解析几何中的坐标系，需要大量烦琐的、人力难以胜任的计算工作，这也许正是它们被称为计算几何的原因。

6.1 向量问题

向量分析是数学的一个分支。在一些计算几何问题中，向量和向量运算的一些独特的性质往往能发挥出十分突出的作用，使问题的求解过程变得简洁而高效。熟练掌握一些向量分析的方法，并灵活地加以运用，就能轻松地解决许多看似复杂的计算几何题，或者会对我们解这类题目有很大帮助，甚至还有一些计算几何题是非用向量方法不能解决的。

6.1.1 向量的概念

假设线段的端点是有次序的，则该线段被称为有向线段。有向线段 $P1P2$ 的起点 $P1$ 在坐标原点，则称为向量 $P2$。

```
struct point // 利用结构体构造点（向量）的数据类型
{
    double x;
    double y;
}P1, P2;
```

6.1.2 向量加减法

设向量 $P1$、$P2$，则向量加法为：$P1+P2=(P1.x+P2.x, P1.y+P2.y)$，同样的，向量减法定义为：$P1-P2=(P1.x-P2.x, P1.y-P2.y)$。显然有性质 $P1+P2=P2+P1$，$P1-P2=P2-P1$。

6.1.3 向量外积

计算向量的外积是与直线和线段相关算法的核心部分，计算几何中很多核心算法都会用到向量叉积。设向量 $P1=(x_1, y_1)$，$P2=(x_2, y_2)$，则向量外积定义为由 $(0, 0)$、$P1$、$P2$ 和 $P1+P2$ 所组成的平行四边形的带符号的面积，计算方法为：$P1\times P2=x_1\times y_2-x_2\times y_1$，其结果是一个标量，如图 6.1 所示。

向量外积具有性质 $P1\times P2=-(P2\times P1)$ 和 $P1\times(-P2)=-(P1\times P2)$。

外积的符号可以通过右手定则进行判断。外积的一个非常重要性质是可以通过它的符号判断两向量相互之间的顺逆时针关系：

若 $P\times Q>0$，则 P 在 Q 的顺时针方向。

若 $P\times Q<0$，则 P 在 Q 的逆时针方向。

若 $P\times Q=0$，则 P 与 Q 共线，共线存在两种情况，分别是同向共线和反向共线。

通过这个判断方法实际上我们可以推出一个很重要的结论：运用外积判断连续线段是向左转还是向右转，如图 6.2 所示。

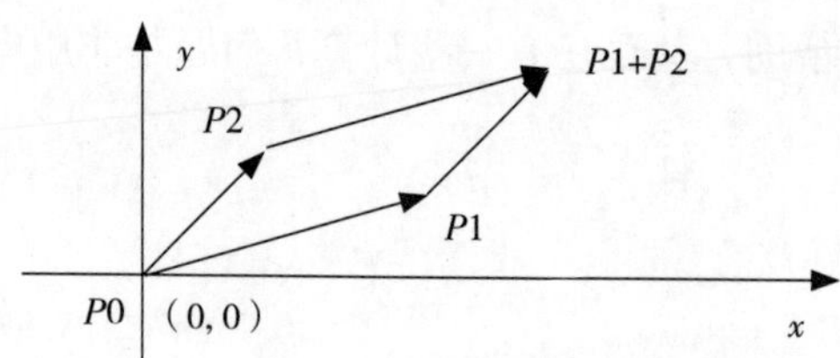

图 6.1　向量外积

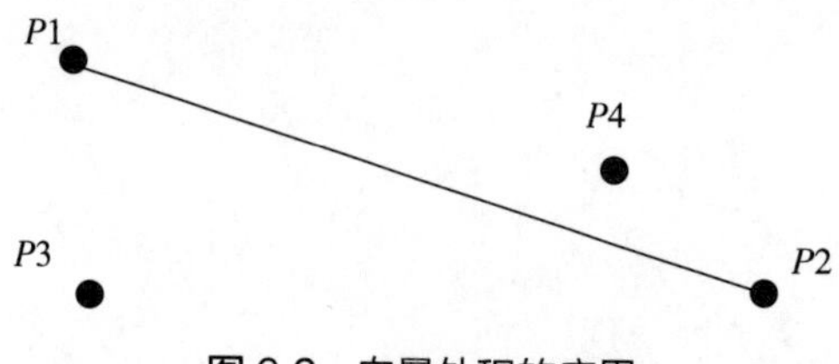

图 6.2　向量外积的应用

有向线段 $P1P2$ “向右拐”得到 $P2P3$：$\overrightarrow{P1P3} \times \overrightarrow{P1P2} > 0$

有向线段 $P1P2$ “向左拐”得到 P2P4：$\overrightarrow{P1P4} \times \overrightarrow{P1P2} < 0$

利用外积判断“拐向”，这在求凸包时会用到。外积的另一个重要应用就是求三角形的面积。

已知三个顶点坐标为（$a[0]$, $b[0]$），（$a[1]$, $b[1]$），（$a[2]$, $b[2]$），则三角形面积为：

$$fabs\ (\begin{bmatrix} a[1]-a[0] & b[1]-b[0] \\ a[2]-a[0] & b[2]-b[0] \end{bmatrix})\ /2.0 \qquad (6.1)$$

切记别忘记取绝对值，利用面积是否为 0 也可以考察三点共线问题。这个方法求面积比海伦公式或者其他方法要好。

6.2 点的有序化

平面几何一个重要问题就是如何处理平面中的点和一些图形之间的关系，本章节就介绍一些常用的点和图形之间关系。

6.2.1 判断点是否在线段上

线段 $P1P2$，判断点 Q 在线段上的条件有 2 点：

（1）点 Q 在 $P1P2$ 所在直线上，即三点共线 $(Q-P1) \times (P2-P1) = 0$。保证点在直线上；

（2）点 Q 在以 $P1$，$P2$ 为对角顶点的矩形内。保证点不在线段的延长线或者反向延长线上。

保证 $Q(x_q, y_q)$ 点在线段 $P1(x_i, y_i)$、$P1(x_j, y_j)$ 内部的判断方法

```
if(min (xi, xj) <= xq<= max (xi, xj)and min (yi, yj)<= yq<= max (yi, yj))
    return 1;
else
    return 0;
```

6.2.2 判断两线段是否相交

方法 1：判断两条直线的交点是否在线段 $P1P2$，$P3P4$ 上。问题是：运用了除法，使

得效率很低，并且容易产生误差，当线段几乎平行时，该算法对实际计算机除法运算的精确度非常敏感。所以，希望在这种题目中只用加、减、乘、比较运算。在实际的应用中都是采用以下方法。

方法 2：分两步确定两条线段是否相交

（1）快速排斥试验。

如果分别以 $P1P2$，$P3P4$ 为对角线做矩形，而这两个矩形不相交，则这两条线段肯定不相交，如图 6.3 左图；即使两个矩形相交，这两条线段也不一定相交，如图 6.3 右图，这时再用第 2 步跨立试验判断；

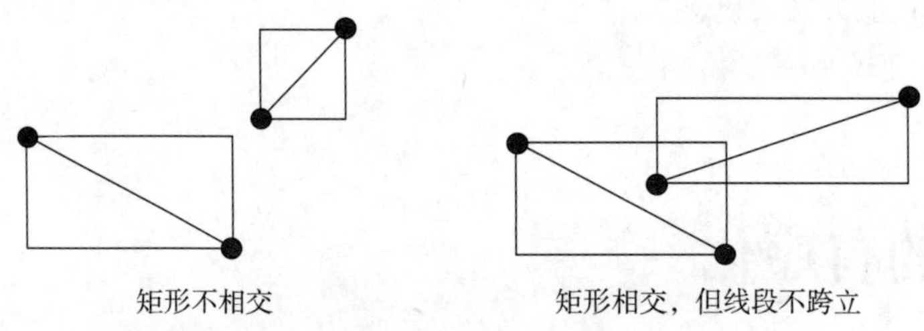

图 6.3 快速排斥实验

表示成语句，即两个矩形相交当且仅当下列式子为真：

Max(x1, x2) ≥ min(x3, x4) && (max(x3, x4) ≥ min (x1, x2) &&max (y1, y2) ≥ min (y3, y4) &&max (y3, y4) ≥ min (y1, y2)

两个矩形相交必须在两个方向上都相交，式子的前半部分判断在 x 方向上是否相交，后半部分判断在 y 方向上是否相交。

（2）跨立试验。

跨立：如果点 $P1$ 处于直线 $P3P4$ 的一边，而 $P2$ 处于该直线的另一边，则我们说线段 $P1P2$ 跨立直线 $P3P4$，如果 $P1$ 或 $P2$ 在直线 $P3P4$ 上，也算跨立。两条线段相交当且仅当它们能够通过第 1 步的快速排斥试验，并且每一条线段都跨立另一条线段所在的直线，如图 6.4 所示。

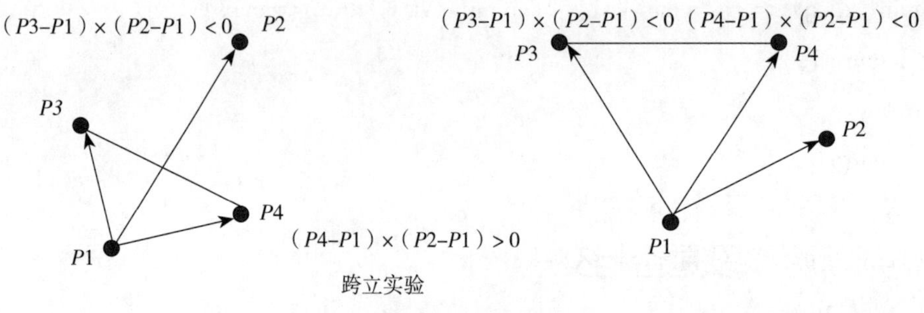

图 6.4 跨立实验

具体第 2 步的实现，只要用外积去做就可以了，即只要判断矢量 $P1P3$ 和 $P1P4$ 是否在 $P1P2$ 的两边相对的位置上，如果这样，则线段 $P1P2$ 跨立直线 $P3P4$。也即检查外积 $(P3-P1)\times(P2-P1)$ 与 $(P4-P1)\times(P2-P1)$ 的符号是否相同，相同则不跨立，线段也就不相交，否则相交。当然也有一些特殊情况需要处理，如任何一个外积为 0，则 $P3$ 或 $P4$ 在直线 $P1P2$ 上，又因为通过了快速排斥试验，所以下图左边的情况是不可能出现的，只会出现右边的两种情况。当然，还会出现一条或两条线段的长度为 0，如果两条线段的长度都是 0，则只要通过快速排斥试验就能确定；如果仅有一条线段的长度为 0，如 $P3P4$ 的长度为 0，则线段相交当且仅当外积 $(P3-P1)\times(P2-P1)$，如图 6.5 所示。

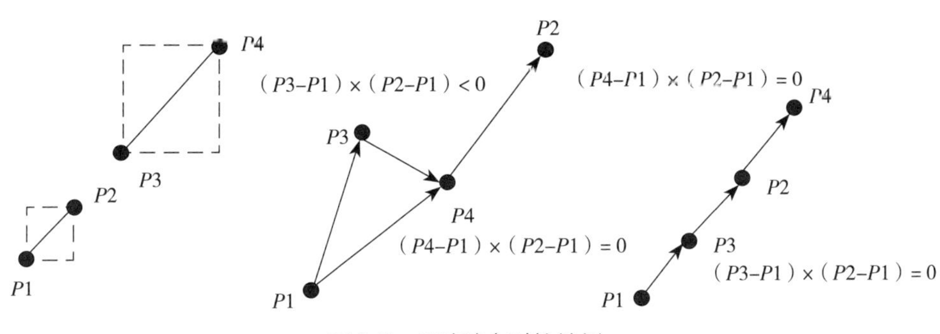

图 6.5　几种跨立时的特例

6.2.3　判断线段和直线是否相交

有了上面的基础，这个算法就很容易了。如果线段 $P1P2$ 和 $Q1Q2$ 直线相交，则跨立 $Q1Q2$，即：$(P1-Q1)\times(Q2-Q1)\times((Q2-Q1)\times(P2-Q1))\geqslant 0$。

6.2.4　两条不平行的直线求交点

已知两条不平行的直线 $P1P2$，$P3P4$，求交点 $P5$，首先判断这两条直线是否平行或重合，再解下面的二元一次方程：

$$\begin{cases}x+b_1+c_1=0\\x+b_2+c_2=0\end{cases}\tag{6.2}$$

6.2.5　判断两点 P3 和 P4 是否在直线 P1P2 的异侧

用叉乘和矢量的旋转，如果 $a\times b$ 和 $a\times c$ 的方向一致，则 $P3$ 和 $P4$ 是在 a 的同侧，否则在异侧。

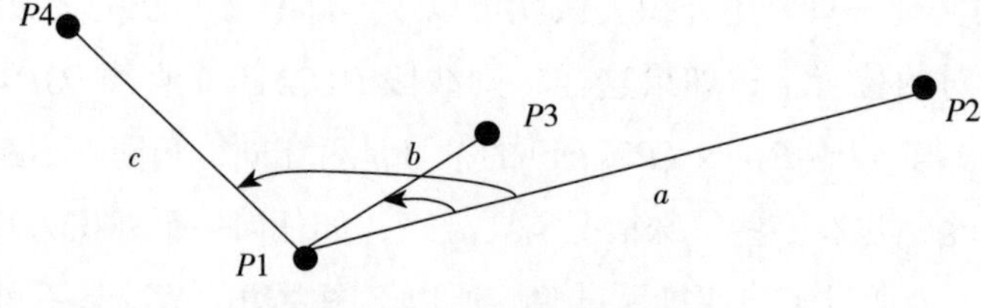

图 6.6　叉乘和矢量的旋转

$t1=(a\times c)\ z=ax\times cy-ay\times cx$

$=(P2.x-P1.x)\times(P4.y-P1.y)-(P2.y-P1.y)\times(P4.x-P1.x)$

$t2=(a\times b)\ z=ax\times by-ay\times bx$

$=(P2.x-P1.x)\times(P3.y-P1.y)-(P2.y-P1.y)\times(P3.x-P1.x)$

如果 $t1\times t2>0$，则在同侧，否则在异侧。

6.3　多边形与圆

问题描述：求平面凸包

求覆盖平面上 n 个点的最小的凸多边形。也可以这样描述：给定一个连接的多边形，可能是凸多边形，也有可能是凹多边形。现在，你的任务就是编程求这个多边形的最小凸包。如果它本身是凸多边形，那么最小凸包就是它本身。

数据范围：

多边形顶点坐标 X，Y 是非负整数，不超过 512。

输入：

共有 K 组数据，每组测试数据的点都是按逆时针顺序输入的，没有 3 个点共线。每组测试数据的第 1 行是 N，表示有 N 个点。以下 N 行，每行两个整数 X，Y。

输出：

输出格式与输入格式一样，第一行是 K，表示共有 K 组输出。以下 K 组数据，每组的第一行为 M，表示该凸包上有 M 个顶点，以下 M 行每行两个整数 X，Y，表示凸包顶点的坐标，也按逆时针方向输出。

样例输入：

1

14

30 30

50 60

60 20

70 45

86 39

112 60

200 113

250 50

300 200

130 240

76 150

47 76

36 40

33 35

样例输出：

1

8

60 20

250 50

300 200

130 240

76 150

47 76

30 30

60 20

问题分析：

形象地描述一下，就是平面上有 n 根柱子，把一条封闭的弹性绳套上这些柱子，绳子绷紧后形成的多边形就是我们所求的凸包，如图 6.7 所示。

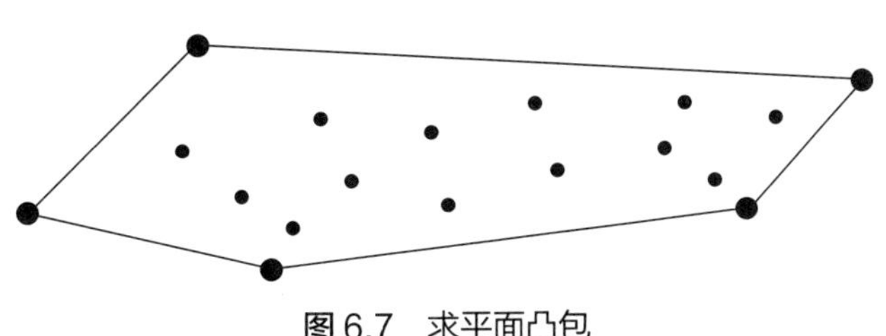

图 6.7 求平面凸包

算法描述：

求凸包的算法中最常用的算法是 Graham 算法，原因也是它的效率非常高。这个算法在应用之前需要做一下预处理，也就是把平面中的按照一定顺序进行排列。下面我们来详细的讲解一下。

（1）首先选择一个基准点，一般选择的原则是选择所有平面点中纵坐标也就是 y 值最小的点。然后将平面中其他的点和基准点做成一个向量，然后按照该向量和 x 轴的夹角由小到大进行排列，如图 6.8 所示。

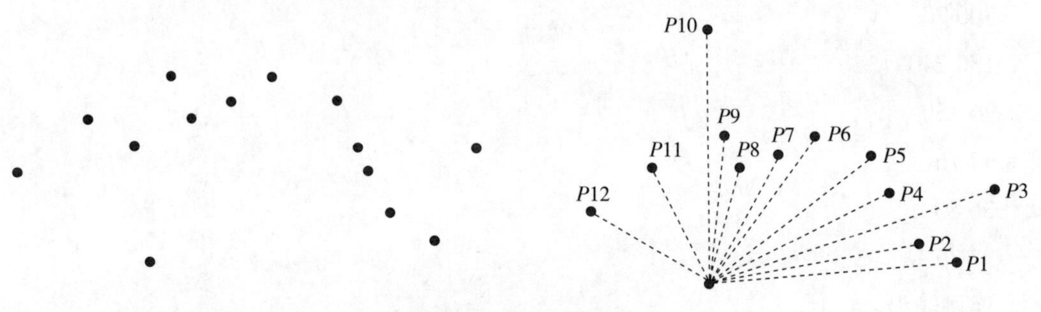

图 6.8　排序好的点

（2）将排序的点头 3 个点入栈，也就是 *P*0、*P*1、*P*2 入栈。

（3）得到栈顶的 2 个元素，也就是 *P*1、*P*2，出栈，将 *P*3 点和 *P*1、*P*2 进行判断，如果∠ *P*1*P*2*P*3 向左转，则 *P*2 退栈，*P*3 进栈，如图 6.9 所示：

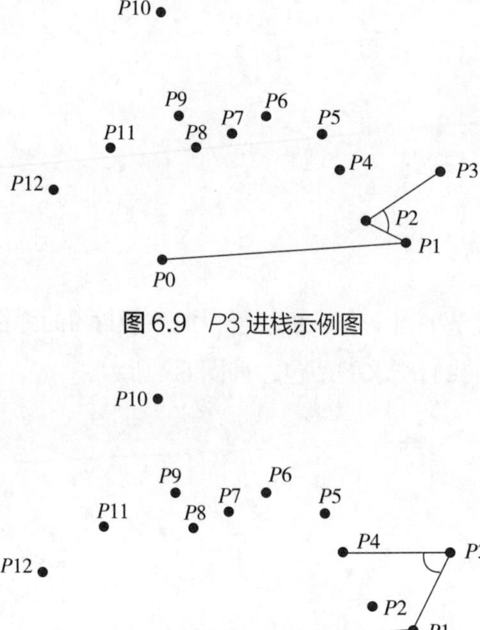

图 6.9　*P*3 进栈示例图

图 6.10　*P*4 进栈示例图

（4）重复步骤3，如图6.10所示：判断∠*P*1*P*3*P*4的方向，得到∠*P*1*P*3*P*4向右转，所以*P*4进栈。

（5）如图6.11所示：∠*P*3*P*4*P*5向左转，则*P*4出栈，然后在判断∠*P*1*P*3*P*5的方向，发现∠*P*1*P*3*P*5向右转，则*P*5进栈。这里需要说明一下，当一个不满足条件进行退栈以后，要继续进行判断栈中的点是否满足条件，如果不满足的话要继续退栈，直到满足条件为止。这是一个必须要有的回退过程。

（6）同理，如图6.12所示：会有*P*6、*P*7、*P*8点进栈。

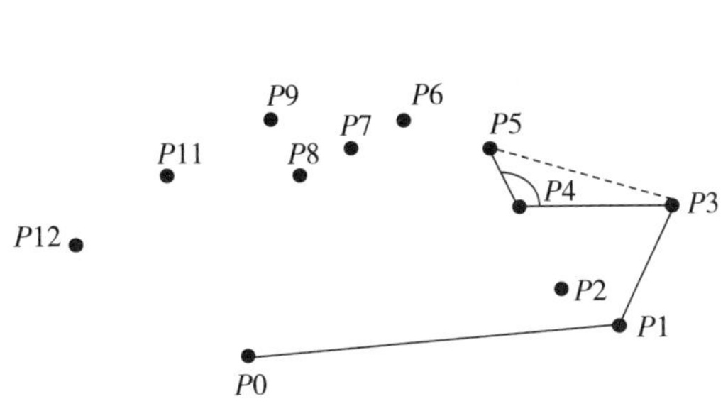

图6.11 *P*5进栈示例图

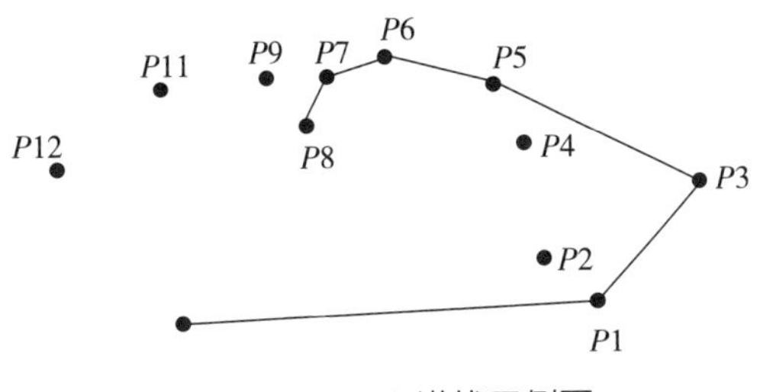

图6.12 *P*6-8进栈示例图

（7）如图6.13所示：当遇到*P*9点时，会有*P*8、*P*7点退栈，然后*P*9进栈。

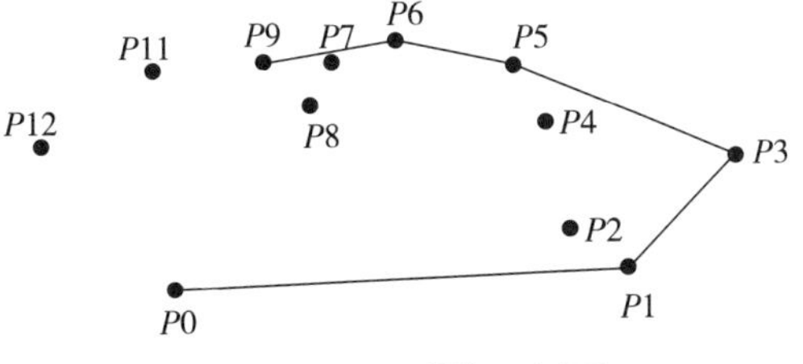

图6.13 *P*9进栈示例图

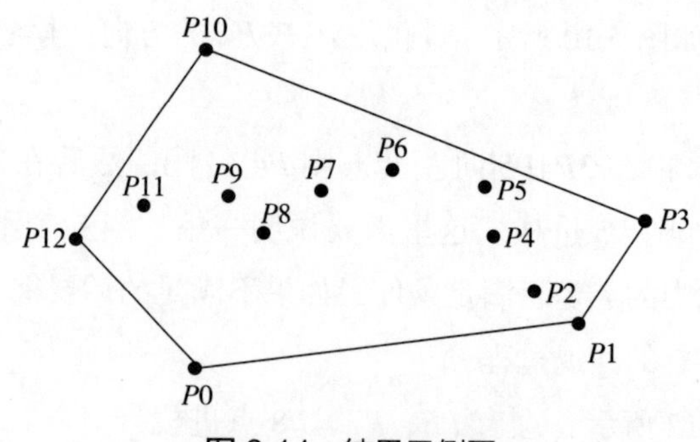

图 6.14　结果示例图

（8）同理得到将所有的点都按照以上方法判断一遍后得到最后的结果。如图 6.14 所示，Graham 算法的时间复杂度主要在快速排序。由于有排序的预处理，寻找边时就省去了盲目的扫描，虽然排序过程要花费时间，总的时间效率还是很高的。

6.4　半平面交

求两个凸多边形的交集面积。

问题描述：

已知两个凸多边形，求他们的交集的面积。

输入：

输入文件共 $n+m=2$ 行

第一行为 n，后面的 n 行为 n 个点的 x，y 坐标，每行两个实数；

接下来一行为 m，再后面的 m 行为 m 个点的 x，y 坐标，每行两个实数；

输出：

这个 n 边形和 m 边形的交集面积。

算法分析：

用其中一个凸多边形 Q 的每条边（Q_i，Q_i+1）对另一个凸多边形 P 进行切割，每次切割保留 P 中与 Q 中顶点处在其边（Q_i，Q_i+1）同侧的顶点以及所有线段（P_j-1，P_j）与直线（Q_i, Q_i+1）的交点，S_j=S_p−S_1−S_2−S_3。这样问题就转换为求若干个凸多边形的面积了，如图 6.15 所示。

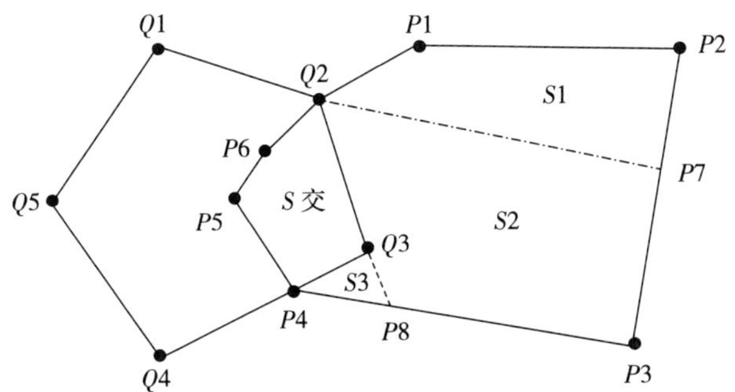

图 6.15　半平面交

第 7 章　算法求解策略

7.1　查找

7.1.1　查找的概念

查找 (Searching) 的定义是：给定一个关键字值 K，在含有 n 个结点的表中找出关键字等于给定值 K 的结点。如果被找到，则成功查找，返回这个结点信息或本结点的位置；否则查找失败，返回相关信息。

查找表是集合，该集合是由同一类型的元素（或记录）构成的。对查找表经常进行的操作：

（1）在查找表中查询某个“特定的”元素是否存在；

（2）检索某个“特定的”数据元素的各种属性；

（3）在查找表中插入一个数据元素；

（4）从查找表中删去某个数据元素。

7.1.2　线性表的查找

线性表查找主要分 3 种，分别是：顺序查找、二分查找和分块查找。

1. 顺序查找

基本思想是：从表的一端起始，依次顺序比对线性表，逐个与给定值 K 相比较。如果被比对的当前结点与 K 相等，查找成功；如果比对结束，仍然没有找到与 K 相等的关键字结点，那么查找失败。既适用于顺序表，也适用于链表。

存储结构的要求：顺序查找适用于两种存储结构，分别是顺序存储结构和线性表的链式存储结构。

算法分析：$ASL=Sum(p_i \times C_i)=Sum(N-i+1)=(N+1)/2$，查找成功时的平均查找长度约为表长的一半；若 K 值不在表中，则需进行 $N+1$ 次比较后，才能确定查找失败；

优点：算法易于理解，且不会对表的存储结构有特殊要求，无论使用链表还是向量来存储结点，也无论结点是否有序，都同样适用；

缺点：查找效率较低，若 N 非常大时，顺序查找不宜被采用；

算法描述：

```
intSeqSearch (SeqlistR, KeyType K)
{
    int i = 0;
    R[0].key = K;
    for (i = N; R[i].key != K; i--) ;
    return i;
}
```

2. 二分查找

二分查找是一种效率比较高的查找方法，又称折半查找。

二分查找要求：

（1）线性表是有序表，即表中结点按关键字有序；

（2）要用数组作为表的存储结构（顺序表）；

二分查找的基本思想是：

首先确定该区间的中点位置：

mid = (low+high) / 2

然后将待查的 *K* 值与 searchildhList[mid].key 比较：

若相等，则查找成功并返回此位置

若 searchildhList[mid].key > k，则在 low 到 mid−1 中继续查找；

若 searchildhList[mid].key < k，则在 mid+1 到 high 中继续查找。

举例说明：

已知如下有序数组，包含 11 个元素（4，13，19，22，38，57，65，76，81，88，93）现要查找数据元素 22 和 86，如图 7.1 和 7.2 所示。

k=22 的折半查找过程：

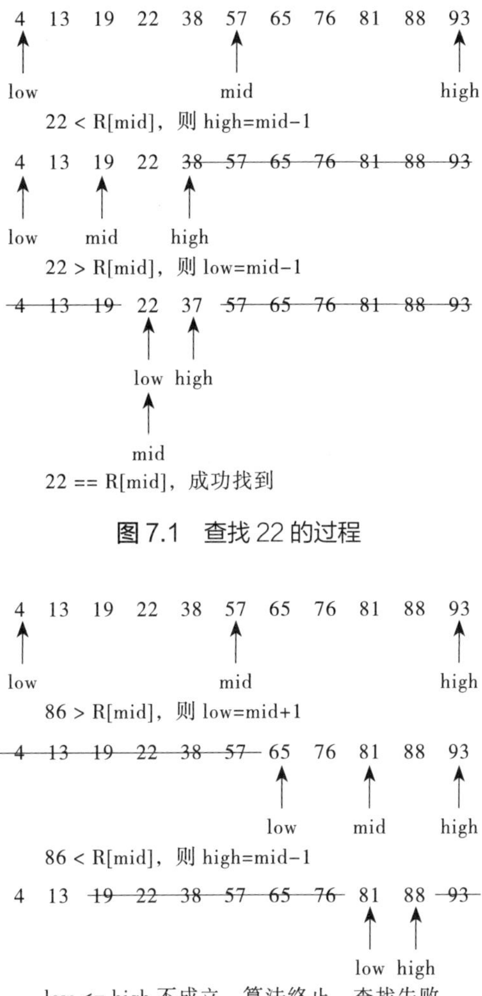

图 7.1　查找 22 的过程

图 7.2　查找 86 的过程

虽然二分查找有较高的查找效率，但是表中的关键字需要有序。

所以二分查找适用于顺序存储结构。为保证表中元素是有序的，在表中删除和插入元素都有大量的结点被移动。

3. 分块查找

分块查找也称索引顺序查找，是二分查找和顺序查找的折中。将一个主表分成 n 个块，即 n 个子表，要求子表之间元素是按关键字有序排列的，而子表中元素可以无序，用每个子表最大关键字和指示块中第一个记录在表中位置建立索引表，如图 7.3 所示。

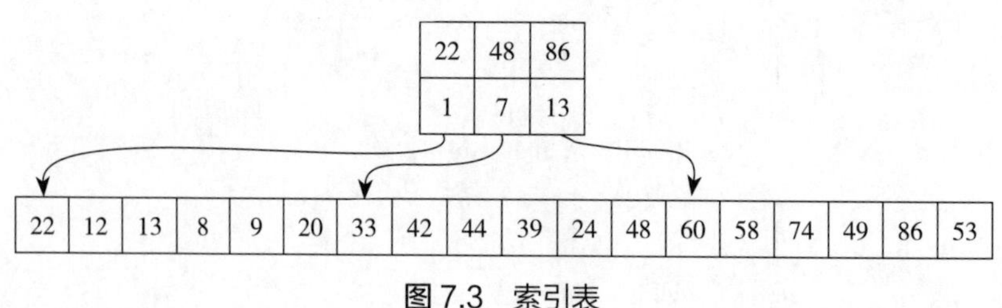

图 7.3　索引表

查找过程：

(1) 由索引确定记录所在块。

由于索引表按关键字有序，故可用顺序查找或折半查找。

(2) 在顺序表的某个块内进行查找。

由于块内无序，只能用顺序查找。

7.1.3　树表的查找

1. 二叉排序树

二叉排序树可以是一棵空树，也可以是有以下特性的二叉树：

(1) 如果它的左子树不是空的，那么左子树上全部结点的值都比根结点的值小；

(2) 如果它的右子树不是空的，那么右子树上全部结点的值都比根结点的值大；

(3) 它的左、右子树也都分别是二叉排序树。

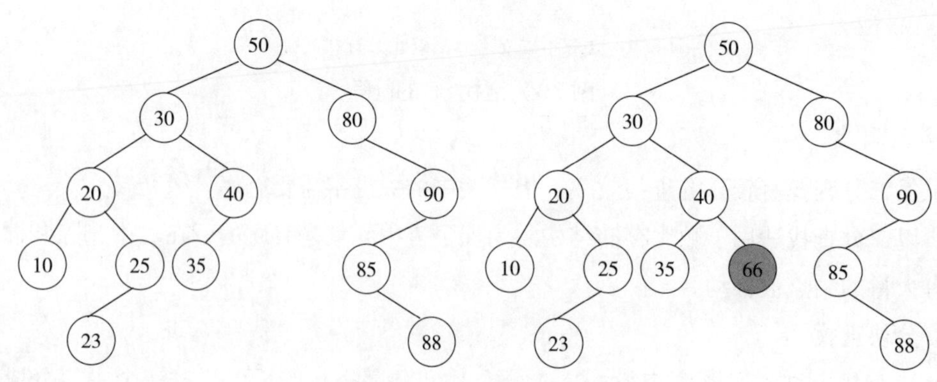

图 7.4　二叉树排序树

图 7.4 中，左图是一个二叉排序树，右图不是二叉排序树。原因就在于叶子结点 66 不符合条件。

2. 二叉排序树的查找算法

若二叉排序树为空，则查找不成功，否则：

（1）如果给定的值等于根结点的值，那么查找成功；

（2）若给定值小于根结点的关键字，则继续在左子树上进行查找；

（3）若给定值大于根结点的关键字，则继续在右子树上进行查找。

如图 7.5 所示，在查找过程中，生成了一条查找路径：从根结点出发，沿着左分支或右分支逐层向下直至关键字等于给定值的结点则查找成功；否则，从根结点出发，沿着左分支或右分支逐层向下直至指针指向空树为止，则查找不成功。

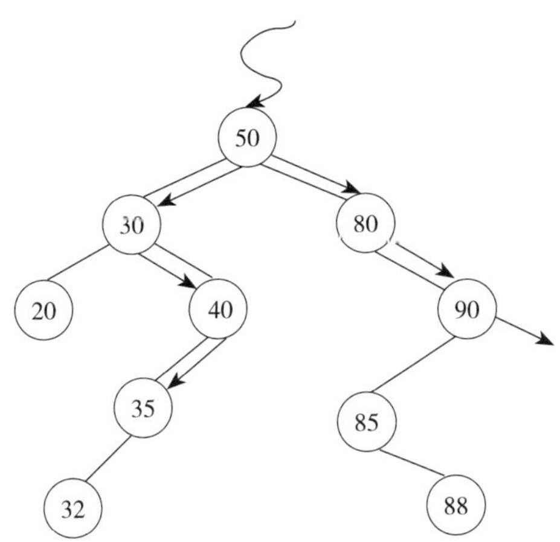

图 7.5　二叉树排序树的查找算法

二叉排序树的查找算法：

```
Node* SearchBST（Node *tree, KeyTypekey Data, Node *p）
{
  Node *q;
  BOOL found=0;
  q=tree;
  while（q）
  {
    if（keyData>q->data.key）
    {
      p=q;
      q=q->rchild;// 在左子树中继续查找
    }
    else
    {
      if（keyData<q->data.key）
      {
```

```
            p=q;
            q=q->lchild;// 在右子树中继续查找
        }
        else
        {
            found=1;
            break;
        }
    }
    if(found)
        return  q;
    return NULL;
}
```

二叉排序树的查找分析：在二叉排序树中查找数据的过程，是走一条从根到该结点的路径的过程。但二叉排序树的结构与关键字的输入次序有关。

例：设关键字的输入次序为：{45, 24, 53, 12, 37, 93}，另一种输入次序为：{12, 24, 37, 45, 53, 92} 设每个元素查找概率相等。

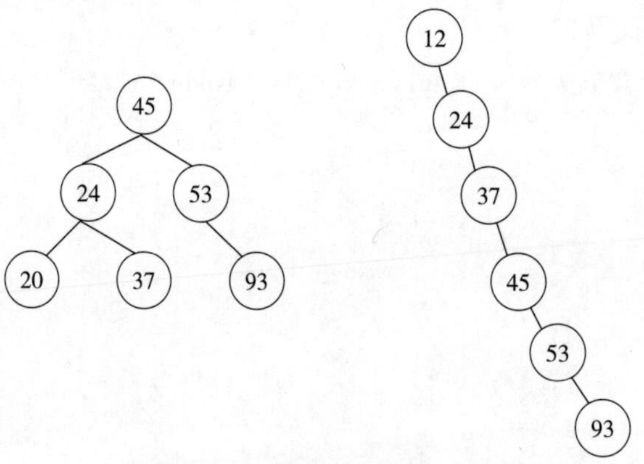

图 7.6　二叉树排序树查找分析

上图 7.6 中，

ASL1=1/6（1+2+2+3+3+3）=14 / 6

ASL2=1/6（1+2+3+4+5+6）=21 / 6

最好的情况是：平均查找长度为 $\lfloor \log^{2n} \rfloor$+1；最坏的情况是，平均查找长度为（$n$+1）/2。

7.1.4　哈希表的查找

哈希算法又被称为散列算法，实际上通过前面的几种查找的算法我们已经知道，最好的查找算法时间复杂度是 $O(1)$，所以我们就会想一些办法，事先取一些关键字，通过这些关键来减少查找的复杂度，另外当我们添加数据的时候又能很快的完成。哈希算法就是一种这样的方法，但是如何去寻找合适的关键字算法是哈希算法的一个关键问题。

哈希表(Hashtable)，又称为散列表，是根据关键码值(Keyvalue)直接访问的一种数据结构。哈希表的访问记录方法是通过把关键码值映射到表中的一个位置，用以提高查找速度。该映射函数称为散列函数，用来存放记录的数组被称作散列表。

哈希表的实现方法其实较简单，就是把关键字 key 通过一个函数，即哈希函数转换成一个整型数字，然后将这个数字对数组的长度取余，取余的结果就作为数组的下标，而后将 value 存储在用该数字为下标的数组里。而在用哈希表进行查询时，是再次使用该哈希函数将 key 转换为相应的数组下标，并定位在该空间获取 value，这样一来，数据的定位就可以充分利用数组的定位性进行。

数组特点是寻址很容易，删除与插入较困难；而链表特点是寻址较困难，删除与插入较容易。那么我们可否将两者的特性综合，做出一种插入和删除容易，寻址也容易的数据结构？答案是肯定的，这就是我们要提起的哈希表，哈希表有多种不同的实现方法，我接下来解释的是最常用的一种方法——拉链法，我们可以理解为“链表的数组”，如图7.7所示。

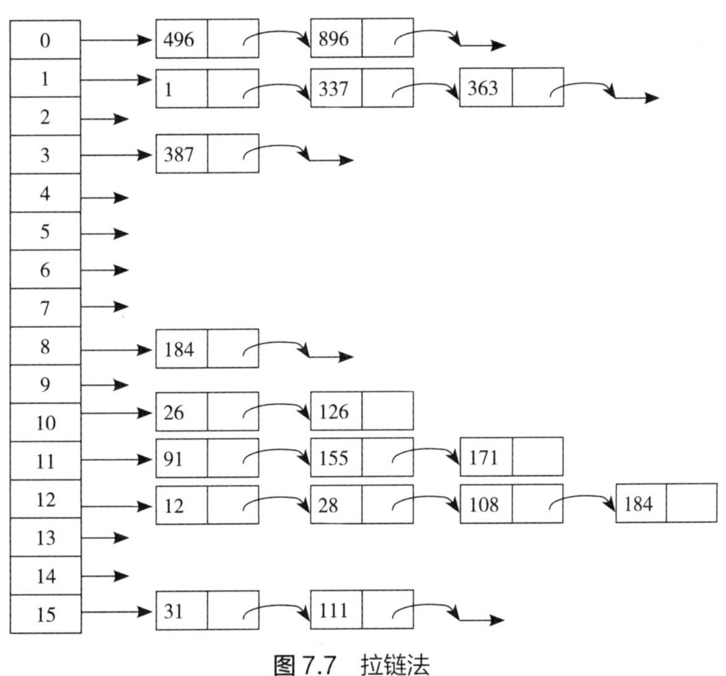

图 7.7 拉链法

很明显，左边是个数组，该数组的成员包括指向一个链表的头，一个指针，当然该链表可以为空，也可以有很多元素值。我们可以根据元素的特征把元素分配到不同的链表中，也正是根据这些特征，寻找到正确的链表，再从链表中找到该元素。元素的特征转变成数组的下标的方法，就是散列法。事实上，散列法不止一种，以下列举出比较常用的3种：

基本原理：

使用一个数组a，该数组要下标范围比较大，用它存储元素，设计函数 h，将要存储的数据 *node*，取关键字 *key*，算出函数值 $h(key)$，将 $h(key)$ 作为数组下标，用 $a[h(key)]$ 存储 *node*。

也可以简单理解为，按照关键字为每一个元素进行“分类”，然后将这个元素储存在相应的“类”所对应的地方。

例如：数组 A[10]={18, 75, 60, 43, 54, 90, 46, 5, 15, 33}

设定：哈希函数 h[i]:=i mod 13

通过函数的映射得到：

18 mod 13=5　　75 mod 13=10　　60 mod 13=8

43 mod 13=4　　54 mod 13=2　　90 mod 13=12

46 mod 13=7　　5 mod 13=5　　15 mod 13=2

31 mod 13=5

表7.1为得到的哈希表，通过关键字取余的方法将数据进行了映射，同样查找数据的时候只要根据关键字查找就可以了，而且查找的复杂度还很低。这是一种很理想的结果，但是大家有没有想过如果要是有2个数据同时映射到一个结果怎么办。例如：数组中的数据18和31就是这样的情况。这就需要我们有一种能够解决冲突的方法。

表7.1　哈希表

0	1	2	3	4	5	6	7	8	9	10	11	12
		54		43	18		46	60		75		90

讲解到这里可道实际上建立一个哈希表就是要解决2个问题，一是映射函数的选择；另外一个就是如何解决冲突。可以利用链表的方法来解决冲突，当数据的关键相同的时候，则把相同的数据用链表链接起来。

映射函数：

建立映射函数有很多种方法，下面我们就来看一些比较常用的方法。

(1) 取余数法。

选择一个适当的正整数 m，用 m 去除关键码，取其余数作为地址，即 $h(key)=key\bmod m$，这个方法应用的最多，其关键是 m 的选取，一般选 m 为小于某个区域长度 n 的最大素数（如例中取 m=13），为什么呢？就是为了尽力避免冲突。假设取 m=100，则哈希函数分类的标准实际上就变成了按照关键字末三位数分类，这样最多1000类，冲突会很多。

这里需要说明，一般地说，如果 m 的约数越多，那么冲突的概率就越大。简单的证明：假设 m 是一个有较多约数的数，同时在数据中存在 q 满足 $\gcd(m, q) = d > 1$，即有 $m = a \times d$，$q = b \times d$，则有以下等式：$q \bmod m = q - m \times [q \ div \ m] = q - m \times [b \ div \ a]$。其中 $[b \ div \ a]$，的取值范围是不会超过 $[0, b]$ 的正整数。也就是说，$[b \ div \ a]$ 的值只有 $b+1$ 种可能，而 m 是一个预先确定的数。因此上式的值就只 $b+1$ 有种可能了。这样，虽然 mod 运算之后的余数仍然在 $[0, m-1]$ 内，但是它的取值仅限于等式可能取到的那些值。也就是说余数的分布变得不均匀了。容易看出，m 的约数越多，发生这种余数分布不均匀的情况就越频繁，冲突的概率越高。而素数的约数是最少的，因此我们选用大素数。

（2）平方取中法。

将关键码的值平方，散列地址取中间的几位。根据视实际要求，来定具体取几位，结合数字分析法来定取哪几位。

例：将一组关键字（0100，0110，1010，1001，0111）平方后得（0010000，0012100，1020100，1002001，0012321），若取表长为 1000，则可取中间的三位数作为散列地址集：（100，121，201，020，123）。

（3）基数转换法。

将关键码值看成在另一个基数制上的表示，然后把它转换成原来基数制的数，再用数字分析。

基数转化法取其中的几位作为地址。转换的基数取大于原来基数的数，且两个基数要是互质的。

如：$key = (236075)_{10}$ 是以 10 为基数的十进制数，现在将它看成是以 13 为基数的十三进制数 $(236075)_{13}$，再将该数转换成相应的十进制数。

$(236075)_{13} = 2 \times 135+3 \times 134+6 \times 133+7 \times 13+5 = (841547)_{10}$

再进行数字分析，比如选择第 2，3，4，5 位，于是 $h(236075) = 4154$

总之，对于哈希算法的复杂度主要是取决于哈希函数的选择，当然，哈希函数的选择有很多种方法。如何选择提高效率也是要根据具体问题具体分析。

7.2 分治

7.2.1 分治法的概念

分治法就是“分而治之”，就是把一个大的问题分解成多个相似或相同的小问题，再把小问题分成更小的问题，直到最后这些子问题都可以被直接求解，合并各个子问题的解，就得到了原问题的解。很多高效算法也都是使用这个技巧，比如快速傅立叶变换，归并排序，快速排序。

事实上，计算机求解问题所需的计算时间，均与该问题的规模有关。问题的规模越小，越容易直接求解，解题所需的计算时间也越少。如对于 n 个元素的排序问题，当 $n = 1$ 时，无须做计算。n=2 时，作一次比较即可得到结果。n=3 时，需要 3 次比较即可得到结果，…。而当 n 是较大的数据，问题就变得较为复杂，这时想要得到结果，就会变得较为困难。

7.2.2 分治法的基本思想

分治法的思想是：将一个不能直接得到结果的复杂问题，分解成规模较小的同类子问题，以便逐个得到结果，分而治之。

分治的策略是：对于一个问题，规模为 n，如果这个问题可以直接解决（例如 n 较小）就直接解决，如果不能直接解决，就将其分解为 k 个同类子问题，将这些子问题递归地解决，然后将各子问题的解合并得到原问题的解。这种算法设计策略叫做分治法。

如果原问题可被分割成 k 个子问题，k 的范围是 $1 < k \leqslant n$，并且这些子问题都可解，那么我们利用这些子问题的解求出原问题的解，这就是可行的分治法。反复使用分治的手段，可以使子问题与原问题类型一致，而其规模却不断缩小，最终使子问题缩小到很容易直接求出解。

实现分治法有两种方法：分别是递归法和非递归法。非递归的方法需要借助数据结构中的栈来实现。

引例：如果一个装有 16 枚硬币的袋子，其中有一枚是伪造的，并且那枚伪造硬币的重量和真硬币的重量不同。能不能用最少的比较次数找出这个伪造的硬币？为了完成这一任务，将提供一台仪器，利用这台仪器来比较两组硬币重量。

常规的解决方法是先将这些硬币分成两枚一组，每一次只称一组硬币，如果运气好的话只要称 1 次就可以找到，最坏最多称 8 次才可以找出那枚硬币，这种直接寻找的方法存在着相当大的投机性，适用于硬币数量少的情况，在硬币数量多的情况下就成为一件费时费力又需要运气的事。

试着改变一下方法：如果将全部硬币分成两组，将原来设计的一次比较两枚硬币变为一次比较两组硬币，会发现通过一次比较后 . 完全可以舍弃全部是真币的一组硬币，选取与原有问题一致的另一半进行下一步的比较，这样问题的规模就明显缩小，而且每一次比较的规模都是成倍减少根据以上分析，可以得到以下的结论：

（1）参与比较的硬币数量越多，使用该方法来实现就越快。而且投机性大大减少；

（2）解决方法的关键之处就在于能将复杂的大问题分割成若干子问题；

（3）子问题与原有问题是完全类似的。

通常我们将这种大化小的设计策略称之为分治法。即“分而治之”的意思。

分治法的基本思想是将一个规模为 N 的问题分解为 K 个规模较小与原问题性质相同的子问题。求出子问题的解，就可得到原问题的解。侧重点在于能各个击破。分治法在设计检索、分类算法或某些速算算法中很有效。最常用的分治法是二分法、归并法、快速分类法等。

7.2.3 分治法解题的一般步骤

（1）分解，将需要被解决的问题分割成规模较小的同类型问题；

（2）求解，子问题被分割得足够小，用简单的方法直接解决；

（3）合并，按原问题的要求，将子问题的解逐层合并构成原问题的解。

7.3 贪心

7.3.1 贪心法的概念

贪心法是从问题的某个初始状态开始，通过逐步构造最优解，向目标前进，并希望通过该种方法得到全局最优解。贪心准则（策略）也就是贪心决策的依据，但要注意一旦做出决策，就不可更改该决策。贪心和递推是不同的，贪心法中的每一步并不是根据某个固定递推式，而是贪心的选择当时看似最佳的结果，逐步将问题实例归纳为规模更小的相似子问题。所以，在有些最优化问题中，采用贪心法求解不能保证一定得到最优解，这时可以选择其他解决最优化问题的算法，如动态规划等。归纳、分析、选择贪心准则是正确解决贪心问题的关键。

7.3.2 贪心法的特点及其优缺点

1. 贪心法主要有两个特点

贪心选择性质：贪心法中每一个步骤的选择都是当前最佳选择，这种选择是依赖于已做出选择的，而不依赖未做出的选择。

最优子结构性质：贪心法每一次都得到了最优解（局部的最优解），若保证最终的结果最优，就要必须满足全局最优解是包含局部最优解的。

2. 利用贪心法解题的一般步骤

（1）产生问题的一个初始解；

（2）循环操作，当可以向给定的目标前进时，就根据局部最优策略，向目标前进一步；

（3）得到问题的最优解（或较优解）。

3. 贪心法的优缺点

优点：一个正确的贪心算法拥有很多优点，比如思维复杂度低、代码量小、运行效率高、空间复杂度低等，是算法中的一个有力武器。

缺点：贪心法的缺点集中表现在它的“非完美性”，通常找到一个简单可行且保证正确的贪心准则是很难的，即使找到一个贪心思路看上去很正确，也需要非常严格的证明正确性。这使得直接采用贪心法解决问题变得非常困难。

4. 典型例题

（1）删除数问题。

问题描述：键盘输入一个高精度的正整数 n（$n \leqslant 240$ 位），去掉其中任意 s 个数字后剩下的数字按原左右次序将组成一个正整数，编程对给定的 n 和 s，找到一种解决方案，使剩下的数字组成的新数最小。

输入：

n

s

输出：

最后剩下的最小数。

样例输入：

178543

4

样例输出：

13

题目分析：由于正整数 n 的有效位数最大可达 240 位，所以可以采用字符串类型来存储 n。应如何来确定该删除哪 s 位？

为了尽可能地逼近目标，我们选取的贪心策略为：每一步总是选择一个使剩下的数最小的数字删去，即按高位到低位的顺序搜索，若各位数字递增，则删除最后一个数字，否则删除第一个递减区间的首字符。然后回到串首，按上述规则再删除下一个数字。重复以上过程 s 次，剩下的数字串便是问题的解了。

例如：n=178543

s=4

删数的过程如下：

n=178543 {删掉 8}

n=17543 {删掉 7}

n=1543 {删掉 5}

n=143 {删掉 4}

n=13 {解为 13}

这样，删数问题就与如何寻找递减区间首字符这样一个简单的问题对应起来了。还要注意一个细节问题：可能会出现字符串首部有若干个 0（甚至整个字符串都是 0）的情况。

(2) 排队接水问题。

问题描述：在某水龙头前有 n 个人在排队接水。设每个人的接水时间是 T_i，请编写程序，找到这 n 个人排队的某种顺序，使这 n 个人平均等待时间最少。

输入：

输入共有两行：第一行是 n；第二行分别是第 1 个人至第 n 个人的接水时间 T_1, T_2, T_n，每一个数据之间都有一个空格。

输出：

输出有两行，第一行为一种排队顺序，即 1 到 n 的一种排列；第二行为这种排列方案下的平均等待时间（输出结果精确到小数点后两位）。

样例输入：

10

56 12 1 99 1000 234 33 55 99 812

样例输出：

3 2 7 8 1 4 9 6 10 5

291.90

题目分析：平均等待时间是每个人的等待时间之和再除以 n。由于 n 是一个常数，所以等待时间之和最小，也就是平均等待时间最小。假设按照 1~n 的自然顺序排列，则这个问题就是求以下公式的最小值：

$total = T_1+(T_1+T_2)+(T_1+T_2+T_3)+\cdots+(T_1+T_2+\cdots+T_n)$

如果用穷举法求解，就需要我们产生 n 个人的所有不同排列，然后计算每种排列所需要等待的时间之和，再求出最小值。这种方法需要进行次求和及判断，时间复杂度较高。

其实，只要研究一下上面的公式，就可以发现 $n!$，可以将其改写成如下形式：

$total = nT_1+(n-1)T_2+(n-2)T_3+\cdots+2Tn-_1+T_n$

这个公式何时取得最小值呢？对于任意一种排列 k_1，k_2 k_3,…，k_n，当 $Tk_1 \leqslant Tk_2 \leqslant$

$Tk_3 \leqslant \cdots \leqslant Tk_n$ 时，$total$ 取到最小值，证明方法如下：

因为 $total = nTk_1+(n-1)Tk_2+(n-2)Tk_3+\cdots+(n-i+1)Tk_i+(n-j+1)Tk_j+Tk_n$，假设 $i < j$，而 $Tk_i < Tk_j$，这时的和为 $total1$，将 k_i 和 k_j 互换位置，设新的和为 $total1$，则：

$\Delta total = total2 - total1$

$= (n-i+1)Tk_j + (n-j+1)Tk_i - ((n-i-1)Tk_i + (n-j+1)Tk_j)$

$= (n-i+1)(Tk_j - Tk_i) - (n-j+1)(Tk_j - Tk_i)$

$= (j-\mathrm{i})(Tk_j - Tk_i)$

上述可知，$\Delta total$ 恒大于 0，所以也说明了任何次序的改变，都会导致等待时间的增加，从而证明了我们的设想。这样，我们就得到了一种最优贪心策略：把接水时间少的人尽可能排在前面{其实，这一点是很明显的}。这样一来，问题的本质就变成：把 n 个等待时间按非递减顺序排列，输出这种排列，并且求出这种排列下的平均等待时间。

(3) 线段覆盖问题。

问题描述：给定 x 轴上的 $N(0 < N < 100)$ 条线段。每个线段由它的两个端点 a_i 和 b_i 确定，i=1，2，…，N。这些坐标都是区间（-999，999）内的整数。有些线段之间会相互交叠或覆盖。请编写一个程序，从给出的线段中，去掉尽量少的线段，使得剩下的线段两两之间没有内部公共点。所谓内部公共点是指一个点同时属于两条线段，且至少在其中一条线段的内部（即除去端点的部分）。

输入：

第一行是一个整数 N。接下来有 N 行，每行有两个空格隔开的整数，表示一条线段的两个端点的坐标。

输出：

第一行是一个整数，表示最多剩下的线段数。接下来就有这么多行（按照坐标升序排列的剩下的线段），每行两个整数，分别表示一条线段的左端点和右端点。如果有多解，只需输出其中的一解。

样例输入：

3

6 3

1 3

2 5

样例输出：

2

1 3

2 6

题目分析：选取的贪心策略为：每次选取线段右端点坐标最小的线段，保留这条线段，并把和这条线段有公共部分的所有线段删除。重复这个过程，直到任两条线段之间都没有公共部分。因为右端点坐标最小，可以保证所有与这条线段没有公共部分的线段都在这条线段的右边，且所有与这条线段有公共部分的线段两两之间都有公共部分。又根据题意，在这些有公共部分的线段中，最后只能保留一条。显然，右端点坐标最小，对后面线段的影响最小，所以，应保留这条线段。

7.4 动态规划

动态规划是通过多阶段决策逐步找出问题的最终解，并且每个阶段的决策都是需要全面考虑各种不同的情况分别进行决策。这样，当各阶段采取决策后，会不断决策出新的数据，直到找到最优解。每次做出的决策均依赖当前状态，又随即转移状态，在变化的状态中产生一个决策的序列，这就是“动态”。所以，利用这种决策解决问题的过程被称为动态规划。

动态规划是将问题分解成若干个相互重叠的子问题，每个子问题对应决策过程的一个阶段，子问题的重叠关系表现在对给定问题求解的递推关系（也就是动态规划函数）中，将子问题的解依次填入表中，当需要再次求解该子问题时，可以通过查表获得子问题的解而无须再次求解，从而避免了大量重复计算。

动态规划算法的一般解题思路

（1）分阶段：就是问题求解过程的不同阶段或问题的规模，所以我们要知道该问题是要：求什么？如果分阶段的话，从一个阶段到另一个阶段是什么在变化？即状态，也就是最优解的形式。

（2）在每个状态综合考虑：考虑在这个阶段的所有状态变化。怎么变化的呢？需要列出状态变化的方程，可以方便计算。即不同阶段的递推关系，也即不同规模的问题与子问题的递推关系。

（3）根据递推关系计算：以自底向上的方式计算出最优值。根据计算得到的最优值，构造最优解。如：

问题描述：给定一个数塔，如下所示。在此数塔中，从顶部出发，在每一结点可以选择向左走还是向右走，一直走到底层。请找出一条路径，使路径上的数值和最大。

```
  7
 3 8
8 1 0
```

2 7 4 4

4 5 2 6 5

输入：

第一行输入整数：N

第 2 到 N+1 行：输入数塔的数字。

输出：

Line 1:The largest sum achievable using the traversal rules

样例输入：

5

7

3 8

8 1 0

2 7 4 4

4 5 2 6 5

样例输出：

30

解题思路：这道题是一道典型的动态规划的题目，题目很好理解，从顶端到低端，选择一条路径最大的线路。如果是从上到下的方法求解的话，需要计算所有的路径，这样计算量会很大。但是换一种思考方式，如果从下往上计算的话，会得到什么呢？

如果最优路径经过 2，则从第 4 层到第 5 层应该经过 19，则第 4 层 + 第 5 层的最大路径为 2+19=21。如果最优路径经过 18，则从第 4 层到第 5 层应该经过 10，则第 4+ 第 5 层的最大路径为 18+10=28。以此类推的话，这样实际上将 5 阶数塔变为 4 阶数塔问题了。

把上面介绍的方法归纳成数学模型的话应该是：

d[i, j]=data[i, j]   i=n（最下层）

d[i，j]=max（d[i+1, j], d[i+1, j+1]）+data[i, j] i=1..n−1, j=1..n

程序代码如下：

```
#include "stdio.h"
int dp[400][400]={0};
int max（int a, int b）
{
    if（a>b）
        return a;
    else
        return b;
```

```
}
void main ( )
{
    int n;
    int sum=0;
    int a[400][400]={0};
    scanf ("%d", &n) ;
    for (int i=1;i<=n;i++)
      for (int j=1;j<=i;j++)
        scanf ("%d", &a[i][j]);
    for (i=1;i<=n;i++)
      for (int j=1;j<=i;j++)
        dp[i][j]=max (dp[i-1][j]+a[i][j], dp[i-1][j-1]+a[i][j]);
    for (i=1;i<=n;i++)
      if (dp[n][i]>sum)
        sum=dp[n][i];
    printf ("%d\n", sum);
}
```

动态规划在每个阶段的决策，并不是像贪心算法一样的唯一决策，而是一组局部决策结果。每个阶段都使问题规模变小，更接近最优解。子问题与原问题类型相同。子问题的最优解是原问题最优解的一部分。直到最后一步，问题的规模变为（自底向上的过程），就找到了问题的最优解。

可以将动态规划特点归纳为：全面分阶段地解决问题，或者带决策的多阶段多方位的递推算法。

7.5 递归

递归算法：直接或间接地调用自身的算法称为递归算法。递归算法的重要特性：函数每次调用自身时，自变量必是逐步接近边界条件给定的自变量的值，否则不能求出函数值。

算法总体思想：

递归的思路是把一个不能或难以直接得到解的“大问题”转化成若干个或者一个“小问题”，然后将“小问题”进一步分解成更小的“小问题”，以此类推，直至每个“小问题”都可以被直接解决（递归的出口）。

但必须注意，递归的分解并不是随意分解，而要确保“大问题”和“小问题”相似。并且有一个分解的终点。从而使问题可解。如图 7.8 所示，这是对斐波纳齐数列求解的过程。

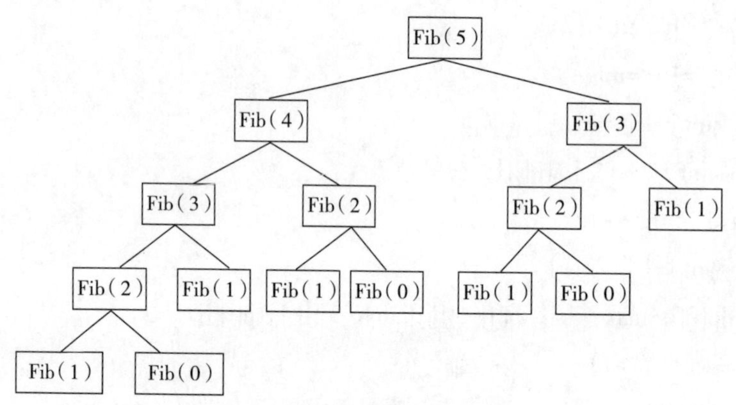

图 7.8　斐波纳齐数列的求解过程

递归的求解的过程均有这样的特征：先将整个问题划分为若干个子问题，通过分别求解子问题，最后获得整个问题的解。而这些子问题具有与原问题相同的求解方法，于是可以再将它们划分成若干个子问题，分别求解，如此反复进行，直到不能再划分成子问题，或已经可以求解为止。这种自上而下的求解过程，再自上而下合并、引用，得到最后的结果称为递归求解的过程。这是一种分而治之的算法设计方法。

递归设计的步骤如下：

（1）对原问题 $f(s)$ 进行分析，假设出合理的“较小问题” $f(s')$（与数学归纳法中假设 $n=k-1$ 时等式成立相似）；

（2）假设 $f(s')$ 是可解的，在此基础上确定 $f(s)$ 的解，即给出 $f(s)$ 与 $f(s')$ 之间的关系（与数学归纳法中求证 $n=k$ 时等式成立的过程相似）；

（3）确定一个特定情况（如 $f(1)$ 或 $f(0)$）的解，由此作为递归出口（与数学归纳法中求证 $n=1$ 时等式成立相似）。

典型例题：

例 1：全排列问题

问题描述：

给定由 $n(n \geqslant 1)$ 个元素组成的集合，输出该集合所有有可能的排列。

输入：

输入整数，N

输出：

N 的全排列

样例输入：

3

样例输出：

1 2 3

1 3 2

2 1 3

2 3 1

3 2 1

3 1 2

题目分析：显然，给定 n 个元素，共有 $n!$ 个可能的排列，如果给定的集合是 $\{a, b, c, d\}$，可以用下面给出的简单算法来产生其所有可能的排列，即集合 $\{a, b, c, d\}$ 的所有可能排列由下列的排列组成：

(1) 以 a 开头后面跟着 (b, c, d) 的所有排列；

(2) 以 b 开头后面跟着 (a, c, d) 的所有排列；

(3) 以 c 开头后面跟着 (a, b, d) 的所有排列；

(4) 以 d 开头后面跟着 (a, b, c) 的所有排列。

其中递归线索就是“后面跟着 ... 的所有排列”，这表明，如果能够解决 $n-1$ 个元素集合的排列问题，就可以解决 n 个元素集合的排列问题。将这些分析结合起来考虑，就形成了如下程序所示的算法。其中假定 *list* 是一个字符数组。可以看到，下面的程序递归地产生排列直到 $i = n$。

参考程序：

```
#include "stdio.h"
#define N 3


int a[N]={0};
void swap (int *b, int *c)
{
    int t;
    t=*b;
    *b=*c;
    *c=t;
}
```

```
void pl (int *p, int k)
{
    if (p>=&a[N-1])
    {
        for (inti=0;i<N;i++)
            printf ("%3d", a[i]);
        printf ("\n");
    }
    else
    {
        for (int i=k;i<N;i++)
        {
            swap (&a[k], &a[i]);
            pl (p+1, k+1) ;
            swap (&a[k], &a[i]);
        }
    }
}
void main ( )
{
    for (int i=0;i<N;i++)
        a[i]=i+1;
    pl (a, 0);
}
```

例 2：整数划分问题

将正整数 n 表示成一系列正整数之和：$n = n_1+n_2+\cdots+n_k$，其中 $n_1 \geqslant n_2\cdots \geqslant n_k \geqslant 1$，$k \geqslant 1$。其中 n_1 是最大加数，控制每行的第一个元素值正整数 n 的这种表示称为正整数 n 的划分。求正整数 n 的不同划分个数。

例如正整数 6 有如下 11 种不同的划分：

6;

5+1;

4+2，4+1+1;

3+3，3+2+1，3+1+1+1;

2+2+2，2+2+1+1，2+1+1+1+1；

1+1+1+1+1+1。

题目分析：在正整数 n 的划分中，划分因子应该从自身开始，由于自身为因子的划分只有一种，因此划分的总数就是 1 加以 n–1 作为划分因子对 n 进行划分的个数。如 6 用它自身的划分只有 1 种，然后用 5 对 6 进行划分，用公式可以表示为；$q(6,6)=1+q(6,5)$ 对于用非自身因子进行划分的个数取决于 n–m 可产生划分的个数，加上降一阶后产生划分的个数，如 $q(6,5)$ 进一步降阶为 $q(6,4)$ 和 6–5 = 1 对进行划分即 $q(6,5)$，由于 1 只能有一种划分，因此 $q(1,5)$，$q(6,6)=q(6,5)+1=q(6,4)+2$；再看 $q(6,4)$ 它降阶为 $q(6,3)$ 后，其余数 2 相对 4 的划分 $q(2,3)$ 考虑到划分的因子不能大于被划分的数，最大只能取其相等的值，因此 $q(6,4)=q(6,3)+q(2,2)=q(6,3)+2$；$q(6,6)=q(6,3)+4$

同理 $q(6,3)= q(6,2)+q(3,3)$

其中 $q(3,3)=1+q(3,2)=1+q(3,1)+q(1,2)=3$

$q(6,6)=q(6,2)+7$

$q(6,2)=q(6,1)+q(4,2)$

其中 $q(6,1)=1$；$q(4,2)=q(4,1)+q(2,2)=3$。

所以有 $q(6,6)=1+3+7=11$

因此需将其规范成 $q(2,4)=q(2,2)$，后者又可以使用 $n=m$ 时的划分方法即 $q(2,2)=1+q(2,1)$，因以 1 为因子的划分只有一种。

从本例可以看出，如果设 $p(n)$ 为正整数 n 的划分数，则难以找到递归关系，为了寻找递归关系，需要考虑增加一个自变量 m 描述降阶后划分的最大因子，并将划分，记作。从而建立 $q(n,m)$ 的如下递归关系。

(1) $q(n,1)=1$，$n \geqslant 1$；

当最大加数 $n \geqslant 1$ 不大于 1 时，任何正整数 n 只有一种划分，即 n 个 1 相加。

(2) $q(n,m)=q(n,n)$，$m \geqslant n$；

最大加数 n_1 实际上不能大于 n。因此，$q(1,m)=1$。

(3) $q(n,n)=1+q(n,n-1)$；

正整数 n 的划分由 $n1=n$ 的划分和 $n1 \leqslant n-1$ 的划分组成。

(4) $q(n,m)=q(n,m-1)+q(n-m,m)$，$n>m>1$；

正整数 n 的最大加数 n_1 不大于 m 的划分 $n_1=m$ 由的划分 $n_1 \leqslant n-1$ 和的划分组成。

递归小结

优点：结构清晰，可读性强，而且容易用数学归纳法来证明算法的正确性，因此它为设计算法、调试程序带来很大方便。

缺点：递归算法的运行效率较低，无论是耗费的计算时间还是占用的存储空间都比非递归算法要多。

第 8 章　论题选编

8.1　背包问题

背包问题是算法中很重要的一类问题，背包分为很多种，这里只介绍 0–1 背包问题，因为其他背包问题涉及的问题都比较复杂。

在 0–1 背包问题中，将物品放入容量为 c 的包中。物品的总数为 n，设第 i 个物品的重量为 w_i，其价值为 p_i。对于可行的背包装载，背包中物品的总重量不能超过背包的容量，最佳装载是指所装入的物品价值最高，即 $p_i \times x_1 \times p_{2i} \times x_2 + \cdots + p_i x_i$。

输入：

第一行一个数 c，为背包容量。

第二行一个数 n，为物品数量。

第三行 n 个数，以空格间隔，为 n 个物品的重量。

第四行 n 个数，以空格间隔，为 n 个物品的价值

输出：

能取得的最大价值。

分析：这个问题有很多种解法，马上能想到利用贪心法来求解。贪心法的原则是先把所有的物品排序，排序就涉及两种解法，按照最大重量排序和按照最小重量排序。先来看按照最大重量排序，从最大的开始进行选取。每次都能选择一个重量最大并且是最合适的物品。直到再也无法放物品为止。这是贪心法的解题方法。初一看这个方法好像是很正确的，例如，考虑 n=2，w=[100，10，10]，p=[20，15，15]，c=105。当利用价值贪婪准则时，解为 x=[1，0，0]，这种方案总价值为 20。而最优解为 [0，1，1]，其总价值为 30。下面来看按照最小重量排序，每次先拿小重量的物品，直到背包中无法再放入物品。这种做法可以解决上例中的问题。但是考虑 n=2，w=[10，20]，p=[5，100]，c=25。当利用最小重量贪婪解法时，解为 x=[1，0]，比最优解 [0，1] 要差。若采取利用价值密度进行贪心，也就是利用 p_i/w_i 进行贪心算法。贪心算法的原则是：从剩余物品中，选择 p_i/w_i 值最大的可装入背包的物品，但是，这种策略也不能保证最终得到最优解。利用此种策略，解 n=3，w=[20，15，15]，p=[40，25，25]，c=30 时，得到的解就不是最优解。最后发现贪心无法求解 0=1 背包的问题。

利用递归的方法来求解：在该问题中需要决定 x_1，x_2，⋯，x_n 的值。假设按 i=1，2，

…，n 的次序来确定 x_i 的值。若 $x_1=0$ 置，问题则转变为相对于其余物品（物品 2，3，…，n），背包容量仍然为 c 的背包问题。若 $x_1=1$ 置，问题则转变为关于最大背包容量为 $c-w_1$ 的背包问题。现设 $r=\{c, c-w_1\}$ 为剩余的背包容量。在选择第一个物品后，只需考虑背包容量为 r 时的决策。不管 x_1 是 0 或是 1，$[x_2, \cdots, x_n]$ 必须是第一次选择之后的一个最优方案。即上述问题的最优决策序列，是由最优决策子序列组成。假设 $f(i, j)$ 表示剩余容量为 j，剩余物品为 i，$i+1$，…，n 时的最优解的值，即：利用最优序列由最优子序列构成的结论，可得到 f 的递归式为：$f(i,j)=\begin{cases}\max\{f(i-1,j), f(i-1,j-w_i)+p_i\} & j\geqslant w_i\\ \{f(i-1,j) & 0\leqslant j<w_i\end{cases}$ 这是一个递归的算法，其时间效率较低，为指数级。

对于求解最优解的问题利用动态规划的方法是最好的。动态规划最根本的问题是如何建立动态方程，下面就来分析一下如何利用动态规划来求解问题。在前 i 件物品中，选取能获得的最大价值的若干件物品放入剩余空间为 c 的背包中；第 i 件物品根据放入后获得的总价值是否最大，决定是否放入。

这样，就可以自底向上地得出在前 n 件物品中，取出若干件物品放入背包能获得的最大价值，也就是 $f(n, c)$，这是最有效的 0–1 背包的解法。

8.2 字符串处理

字符串处理一直是算法中重要组成部分，因为几乎所有的算法都会涉及字符串处理的问题，本章通过一些常见的例题介绍一些简单的字符串处理问题。

例题：统计字符数。

问题描述：

判断一个由 $a\sim z$ 这 26 个字符组成的字符串中哪个字符出现的次数最多输入：第 1 行是测试数据的组数 n，每组测试数据占 1 行，是一个由 $a\sim z$ 这 26 个字符组成的字符串，每组测试数据之间有一个空行，每行数据不超过 1000 个字符且非空输出：n 行，每行输出对应一个输入。一行输出包括出现次数最多的字符和该字符出现的次数，中间是一个空格。如果有多个字符出现的次数相同且最多，那么输出 ASCII 码最小的那一个字符。

样例输入：

2

abbccc

adfadffasdf

样例输出：

c 3

f 4

问题分析：

每读入一个字符串，将这个字符串作为一个字符型数组，依次判断每个数组元素分别是什么字母。统计出各个字母在字符串中分别出现了多少次，找到出现次数最多的。这里要注意三点：

(1) 输入字符串时，可以像一般变量一样，一次输入一个字符串。scanf 函数通过空格或者回车字符判断一个字符串的结束。而一般数组在输入时，每次只能输入一个数组元素。

(2) 字符串是一个字符型数组，可以像访问一般数组的元素一样，通过下标访问其中的各个元素。scanf 函数输入字符串时，并不返回所输入字符串的长度。可以使用字符串处理函数 strlen 函数计算字符串中包括多少个字符。

(3) 输入的字符串中，可能有多个字符出现的次数相同且最多的情况。此时要输出ASCII 码最小的那一个字符。

解决方案：

选择合适的数据结构，是保持程序代码简洁、易读、高效的关键。输入字符串的最大长度是 1000 个字符，存储这样一个字符串需要一个长度为 1001 的字符型数组 *str*，其中数组的最后一个元素存储字符串的结束标志 '\0'。定义一个长度为 26 的专门整型数组 *sum*，记录在一个输入字符串中，每个字母的出现次数。字母 *c* 的出现次数记录在数组元素 *sum*[*c*-'*a*'] 中。

参考程序：

```
#include <stdio.h>
#include <string.h>
void main ( )
{
    int cases, sum[26], i, max;
    char str[1001];
    scanf ("%d", &cases) ;
    while(cases > 0)
    {
      scanf ("%s", str) ;
      for (iTemp = 0; iTemp < 26; iTemp ++)
        sum[iTemp]=0;
```

```
        for (iTemp = 0; iTemp < strlen (str) ; iTemp ++)
            sum[str[iTemp] - 'a']++;
        max = 0;
        for (iTemp = 1; iTemp < 26; iTemp ++)
            if(sum[iTemp] > sum[max]) max = iTemp;
                printf ("%c %d\n", max+'a', sum[max]);
        cases--;
    }
}
```

常见错误：

（1）将数组 *str* 的长度定义成 1000 而不是 1001，忽略了在字符串的末尾，要添加表示字符串结束的额外标志字符 '\0'。在处理字符串是要特别注意：存储长度为 N 的字符串时，所使用的字符型数组的长度必须大于、等于 *N*+1。

（2）程序的 15~17 行判断输入字符串中，哪个字符出现的次数最多。问题描述中，要求有多个字符出现的次数相同且最多时，必须输出 ascii 码最小的字符。编程中常常不仔细，将第 17 行判断条件 *sun*[*i*] > *sum*[max] 替换成 *sun*[*i*]，从而将导致结果出错：有多个字符出现的次数相同且最多时，*max* 所指示将是 ascii 码最大的字符。

例题：

问题描述：

企业喜欢用容易被记住的电话号码。让电话号码容易被记住的一个办法是将它写成一个容易记住的单词或者短语。例如，你需要给 Waterloo 大学打电话时，可以拨打 TUT-GLOP。有时，只将电话号码中部分数字拼写成单词。晚上回到酒店，可以通过拨打 310-GINO 来向 Gino's 订一份 pizza。让电话号码容易被记住的另一个办法是以一种好记的方式对号码的数字进行分组。通过拨打 Pizza Hut 的“三个十”号码 3-10-10-10，你可以从他们那里订 pizza。电话号码的标准格式是七位十进制数，并在第三、第四位数字之间有一个连接符。电话拨号盘提供了从字母到数字的映射，映射关系如下：

A，B，和 C 映射到 2

D，E，和 F 映射到 3

G，H，和 I 映射到 4

J，K，和 L 映射到 5

M，N，和 O 映射到 6

P，R，和 S 映射到 7

T，U，和 V 映射到 8

W，X，和 Y 映射到 9

Q 和 Z 没有映射到任何数字，连字符不需要拨号，可以任意添加和删除。TUT–GLOP 的标准格式是 888–4567，310–GINO 的标准格式是 310–4466，3–10–10–10 的标准格式是 310–1010。如果两个号码有相同的标准格式，那么他们就是等同的（相同的拨号）若公司正在为本地的公司编写一个电话号码簿。作为质量控制的一部分，想要检查是否有两个和多个公司拥有相同的电话号码。

输入：

输入的格式是，第一行是一个正整数，指定电话号码簿中号码的数量（最多 100000）。余下的每行是一个电话号码。每个电话号码由数字，大写字母（除了 Q 和 Z）以及连接符组成。

输出：

对于每个出现重复的号码产生一行输出，输出是号码的标准格式紧跟一个空格然后是它的重复次数。如果存在多个重复的号码按照号码的字典升序输出。如果没有重复的号码，输出一行：No duplicates。

输入样例：

12

4873279

ITS–EASY

888–4567

3–10–10–10

888–GLOP

TUT–GLOP

967–11–11

310–GINO

F101010

888–1200

–4–8–7–3–2–7–9–

487–3279

输出样例：

310–1010 2

487–3279 4

888–4567 3

问题分析：

同一个电话号码，有多种表示方式。为判断输入的电话号码中是否有重复号码，要解决两个问题。

（1）将各种电话号码表示转换成标准表示：一个长度为 8 的字符串，前三个字符是数字、第 4 个字符是 '-'、后四个字符是数字。

（2）根据电话号码的标准表示，搜索重复的电话号码。办法是对全部的电话号码进行排序，这样相同的电话号码就排在相邻的位置。此外，题目也要求在输出重复的电话号码时，要按照号码的字典升序进行输出。

解决方案：

用一个二维数组 *telNumbers[100000][9]* 来存储全部的电话号码，每一行存储一个电话号码的标准表示。每读入一个电话号码，首先将其转换成标准表示，然后存储到二维数组 *telNumbers* 中。全部电话号码都输入完毕后，将数组 *telNumbers* 作为一个一维数组，其中每个元素是一个字符串，用 *C/C++* 提供的函数模板 *sort* 对进行排序。用字符串比较函数 *strcmp* 比较 *telNumbers* 中相邻的电话号码，判断是否有重复的电话号码、并计算重复的次数。

参考程序：

```
#include <stdio.h>
#include <stdlib.h>
#include <string.h>
char map[] = "22233344455566677778889999";
char str[80], telNumbers[100000][9];
int compare (const void *elem1,const void *elem2)
{
    return(strcmp ((char*) elem1, (char*) elem2)) ;
}

void standardizeTel (int n)
{
    int i, k;
    i = k = -1 ;
    while(k<8)
    {
      i++;
      if(str[i] == '-' )
        continue;
      k++;
      if(k==3)
```

```
        {
            telNumbers[n][k]='-';
            k++;
        }
        if (str[i]>='A' && str[i]<='Z')
        {
            telNumbers[n][k]=map[str[i]-'A'];
            continue;
        }
        telNumbers[n][k]=str[i];
    }
    telNumbers[n][k]='\0';
    return;
}

void main ( )
{
    int n,i,j;
    bool noduplicate;
    scanf ('%d',&n);
    for (iTemp =0; iTemp <n; iTemp ++)
    {
        scanf ('%s', str) ;
        standardizeTel (iTemp);
    }
    qsort (telNumbers,n,9,compare);
    noduplicate = 1;
    i=0;
    while (i<n)
    {
        j=i;
        i++;
        while (i<n&&strcmp (telNumbers[i], telNumbers[j]) ==0)
            i++;
```

```
        if (i-j>1)
        {
            printf ("%s %d\n", telNumbers[j], i-j);
            noduplicate = 0;
        }
    }
    if( noduplicate )
        printf ("No duplicates.\n");
}
```

实现技巧：

(1) 用一个字符串 *map* 表示从电话拨号盘的字母到数字的映射关系：*map[j]* 表示字母 *j*+'*A*' 映射成的数字。将输入的电话号码转换成标准形式时，使用 *map* 将其中的字母转换成数字，简化程序代码的实现。刚开始学习写程序时，常常不习惯用数据结构来表示问题中的事实和关系，而容易用一组条件判断语句来实现这个功能。虽然也能够实现，但程序代码看起来不简洁，也容易出错。

(2) 尽量使用 *C/C++* 的函数来完成程序的功能，简化程序代码的实现。在这个程序中，使用函数模板 *sort* 进行电话号码的排序，使用字符串比较函数 *strcmp* 查找重复的电话号码。

(3) 对程序进行模块化，把一个独立的功能作为一个函数，并用一个单词、短语对函数进行命名。上面的参考程序中，对电话号码标准化是一个独立的功能，最好定义一个函数 *standardizeTel*，使得整个程序的结构清晰、简洁、易读。不同的程序模块需要共同访问的数据，作为全局变量，即可简化函数的参数接口，又可以降低函数调用的参数传递开销。例如在上面的参考程序中，数组 *map* 和 *telNumbers* 都作为全局变量。

常见错误：

在输出中，要注意输出数据的格式要求、区分输出数据中的字母大小写：

(1) 输出重复电话号码时，要按照标准格式输出：电话号码的前三位数字和后四位数字之间，有一个字符 '-'。

(2) 无重复电话号码时，输出提示信息 "No duplicates."，问题要求提示信息的第一个字母要大写。

例题：子串

问题描述：

有一些由英文字符组成的大小写敏感的字符串。请写一个程序，找到一个最长的字符串 x，使得：对于已经给出的字符串中的任意一个 y，x 或者是 y 的子串、或者 x 中的字符反序之后得到的新字符串是 y 的子串。

输入：

输入的第一行是一个整数 $t(1 \leqslant t \leqslant 10)$，$t$ 表示测试数据的数目。对于每一组测试数据，第一行是一个整数 $n(1 \leqslant n \leqslant 100)$，表示已经给出 n 个字符串。接下来 n 行，每行给出一个长度在 1 和 100 之间的字符串。

输出：

对于每一组测试数据，输出一行，给出题目中要求的字符串 x 的长度；如果找不到符合要求的字符串，则输出 0。

输入样例：

2

3

ABCD

BCDFF

BRCD

2

rose

orchid

输出样例：

2

2

问题分析：

假设 x_0 是输入的字符串中最短的一个，x 是所要找的字符串，x' 是 x 反序后得到的字符串。显然，要么 x 是 x_0 的子串、要么 x' 是 x_0 的子串。因此，只要取出 x_0 的每个子串 x，判断 x 是否满足给定的条件，找到其中满足条件的最长子串即。

解决方案：

每输入一组字符串后，首先找到其中最短的字符串 x_0。然后根据 x_0 搜索满足条件的子字符串。对 x_0 的各子字符串从长到短依次判断是否满足条件，直到找到一个符合条件的子字符串为止。此问题的关键有两点：

（1）搜索到 x_0 的每个子字符串，并且根据子字符串的长度从长到短开始判断，不要遗漏了任何子字符串。

（2）熟练掌握下列几个字符串处理函数，确保程序代码简洁、高效。

strlen：计算字符串的长度

strncpy：复制字符串的子串

strcpy：复制字符串

strstr：在字符串中寻找子字符串

strrev：对字符串进行反序

程序代码：

```
#include <stdio.h>
#include <string.h>


int t,n;
char str[100][101];
int searchMaxSubString (char* source)
{
   int subStrLen = strlen (source), sourceStrLen = strlen (source);
   int i,j;
   bool foundMaxSubStr;
   char subStr[101],revSubStr[101];
   while(  subStrLen > 0)
   {
      for(i = 0; i <= sourceStrLen - subStrLen; i++)
      {
         strncpy (subStr,source+i,subStrLen);
         strncpy (revSubStr,source+i,subStrLen);
         subStr[subStrLen] = revSubStr[subStrLen] = '\0';
         strrev (revSubStr);
         foundMaxSubStr = 1;
         for (jTemp = 0; jTemp < n; jTemp ++)
            if(strstr (str[jTemp],subStr) == NULL && strstr (str[jTemp],revSubStr) == NULL  )
            {
               foundMaxSubStr = 0;
               break;
            }
         if(foundMaxSubStr)
            return (subStrLen) ;
      }
      subStrLen--;
   }
   return (0);
```

```
}

void main ( )
{
    int i,minStrLen,subStrLen;
    char minStr[101];
    scanf ("%d", &t) ;
    while (t--)
    {
      scanf ("%d",&n) ;
      minStrLen = 100;
      for(iTemp = 0; iTemp < n; iTemp ++)
      {
        scanf ("%s", str[iTemp]) ;
        if( strlen (str[iTemp])< minStrLen)
        {
          strcpy (minStr, str[iTemp]);
          minStrLen = strlen (minStr);
        }
      }
      subStrLen = searchMaxSubString (minStr);
      printf ("%d\n", subStrLen) ;
    }
}
```

实现技巧：

理论上说，从输入的字符串中，任取一个字符串 y，然后搜索 y 的符合条件的子串，都可以找到需要的答案 x。从输入的字符串中，选取最短的字符串作为搜索的依据，可以提高搜索的效率。

常见错误：

在用 *strncpy* 取子串时，需要在所取子串的末尾添加字符串结束符 '\0'。

例题：密码问题

问题描述：

Julius Caesar 生活在充满危险和阴谋的年代。为了生存，他首次发明了密码，用于军队的消息传递。假设你是 Caesar 军团中的一名军官，需要把 Caesar 发送的消息破译出来、并提供给你的将军。消息加密的过程：对原消息中的每个字母，分别用其后面的第 5 个字母进行替换（例如：用字母 F 替换消息原文中字母 A），其他字符不变，并且消息原文的所有字母都是大写的。密码中的字母与原文中的字母对应关系如下。

密码字母：A,B,C,D,E,F,G,H,I,J,K,L,M,N,O,P,Q,R,S,T,U,V,W,X,Y,Z

原文字母：V,W,X,Y,Z,A,B,C,D,,E,F,G,H,I,J,K,L,M,N,O,P,Q,R,S,T,U

输入：

最多不超过 100 个数据集组成。每个数据集由 3 部分组成起始行：START 密码消息：由 1 到 200 个字符组成一行，表示 Caesar 发出的一条消息，结束行 END 在最后一个数据集之后，是另一行：ENDOFINPUT

输出：

每个数据集对应一行，是 Caesar 的原始消息。

输入样例：

START

NS BFW，JAJSYX TK NRUTWYFSHJ FWJ YMJ WJXZQY TK YWNANFQ HFZXJX

END

START

N BTZQI WFYMJW GJ KNWXY NS F QNYYQJ NGJWNFS ANQQFLJ YMFS XJHTSI NS WTRJ

END

START

IFSLJW PSTBX KZQQ BJQQ YMFY HFJXFW NX RTWJ IFSLJWTZX YMFS MJ

END

ENDOFINPUT

输出样例：

IN WAR，EVENTS OF IMPORTANCE ARE THE RESULT OF TRIVIAL CAUSES

IWOULD RATHER BE FIRST IN A LITTLE IBERIAN VILLAGE THAN SECOND IN ROME

DANGER KNOWS FULL WELL THAT CAESAR IS MORE DANGEROUS THAN HE

问题分析：

此问题非常简单，将密码消息中的每个字母分别进行相应的变换即可。关键是识别输入数据中的消息行、读入消息行的数据。输入数据中，每个消息行包括多个单词，以及若干个标点符号。

（1）scanf 函数输入字符串时，每个字符串中不能有空格。每读到单词“START”，则表示下面读到的是一个消息行中的单词，直到读到单词“END”为止。

（2）对消息解密时，需要将表示消息中单词的字符串作为普通的数组，依次变换其中的每个字母。

解决方案：

读到消息行之后，通过 scanf 读如其中的每个单词，分别解密。将解密后的单词按照原来的顺序，拼接成一条完整的消息。需要用到下列几个字符串处理函数：

strcmp：识别输入数据中消息行的开始和结束；

strlen：计算加密消息中每个单词的长度；

strcat：将解密后的单词重新拼接成一条完整的消息。

程序代码：

```
#include <stdio.h>
#include <string.h>
void decipher (char message[]);
void main ( )
{
    char message[201];
    gets (message) ;
    while (strcmp (message, "START") ==0)
    {
       decipher (message);
       printf ("%s\n", message);
       gets (message);
    }
    return;
}

void decipher (char message[])
{
    char plain[27]="VWXYZABCDEFGHIJKLMNOPQRSTU";
    char cipherEnd[201];
    int i, cipherLen;
    gets (message) ;
    cipherLen = strlen (message);
    for (i=0; i<cipherLen; i++)
       if (message[i]>='A' && message[i]<='Z')
```

```
        message[i] = plain[message[i]-'A'];
    gets (cipherEnd) ;
    return;
}
```

常见错误：

(1) 在读入密码消息中的单词时，单词后面的标点符号也会随单词一起读到字符串 cipher 中。例如输入样例中的第一条消息、第二个单词后面是标点符号“,”，读单词“BFW”时，实际读到 cipher 中的字符串是“BFW,”。当解密消息时，要识别 cipher 中的非字母符号，只对其中的字母符号进行变换。

(2) 从密码消息中读入单词时，忽略了单词之间的空格符号。生成还原后的消息时，要在不同的单词之间，插入空格符号。

8.3 典型例题

例题：约瑟夫问题

问题描述：

约瑟夫问题：有 n 只猴子围成一圈选大王（编号从 1 到 n），按顺时针方向从 1 号开始报数，一直数到 m，数到 m 的猴子退到圈外，剩下的猴子再继续从 1 开始报数，依此类推，直到圈内只剩下最后一只猴子时，这只猴子就是猴王。编程求输入 n 和 m 后，输出最后猴王的编号。

输入数据：

每行是用空格分开的两个整数，第一个是 n，第二个是 m。最后一行是：0 0

输出要求：

对于每行输入数据（最后一行除外），输出数据也是一行，即最后猴王的编号。

输入样例：

6 2

12 4

8 3

0 0

输出样例：

5

1

7

解题思路：

初一看，很可能想把这道题目当作数学题来做，即认为结果也许会是以 n 和 m 为自变量的某个函数 $f(n, m)$，只要发现这个函数，问题就迎刃而解。实际上，这样的函数很难找，甚至也许根本就不存在。用人工解决的办法就是将 n 个数写在纸上排成一圈，然后从 1 开始数，每数到第 m 个就划掉一个数，一遍遍做下去，直到剩下最后一个。用数组 *anLoop* 来存放 n 个数，相当于 n 个数排成的圈；用整型变量 *nPtr* 指向当前数到的数组元素，相当于人的手指；划掉一个数的操作，就用将一个数组元素置 0 的方法来实现。人工数的时候，要跳过已经被划掉的数，那么程序执行的时候，就要跳过为 0 的数组元素。需要注意的是，当 *nPtr* 指向 *anLoop* 中最后一个元素（下标 n-1）时，再数下一个，则 *nPtr* 要指回到数组的头一个元素（下标 0），这样 *anLoop* 才像一个圈。

参考程序：

```
#include <stdio.h>
#include <stdlib.h>
#define MAX_NUM 300
int aLoop[MAX_NUM + 10];
void main ( )
{
  int n, m, i;
  while (1)
  {
    scanf ("%d%d", & n, & m);
    if(  n == 0  )
    break;
    for (iTemp = 0; iTemp < n; iTemp ++)
      aLoop[iTemp] = iTemp+1;
    int nPtr = 0;
    for (iTemp = 0; iTemp < n; iTemp ++)
    {
      int nCounted = 0;
      while (nCounted < m)
      {
        while (aLoop[nPtr] == 0)
```

```
        nPtr =(nPtr+1) % n;
      nCounted ++;
      nPtr =(nPtr+1) % n;
    }
    nPtr --;
    if (nPtr < 0 )
      nPtr = n-1;
    if (iTemp == n-1 )
      printf ("%d\n", aLoop[nPtr]);
    aLoop[nPtr] = 0;
  }
  }
}
```

例题：最长上升子序列。

问题描述：

一个数的序列 b_i，当 $b_1 < b_2 < \cdots < b_s$ 的时候，称这个序列是上升的。对于给定的一个序列 $(a_1, a_2 \cdots < a_n)$，可以得到一系列上升子序列 $(a_{i1}, a_{i2} \cdots < a_{iK})$，这里 $1 \leqslant i1 < i2 < \cdots ik \leqslant N$。比如，对于序列（1，6，3，5，8，4，7），有多个上升子序列，如（1，6），(3，4，7）等等。在所有子序列中，最长子序列的长度为 4，比如子序列（1，3，4，7）。要完成的任务，就是对给定的数据序列，求出最长上升子序列的长度。

输入数据：

输入的第一行数据为数据序列的长度 $N(1 \leqslant N \leqslant 1000)$。第二行数据为序列中的 N 个整数，所有整数的取值范围为 0~10000。

输出要求：

最长上升子序列的长度。

输入样例：

7

1 6 3 5 8 4 7

输出样例：

4

解题思路：

如何把这个问题分解成子问题呢？经过分析，发现“求以 a_k $(k=1, 2, 3, \cdots, N)$ 为终点的最长上升子序列的长度”的子问题，这里把一个上升子序列中最右边的那个数，称

为该子序列的“终点”。虽然从形式上看，这个子问题与原始问题并不完全一样，但是，只要将这 N 个子问题解决了，那么，在这 N 个子问题的解中，最长的那个就是整个问题的解。由上所述的子问题只和一个变量相关，就是数字的位置。因此，在数据序列中，数的位置 k 就是“状态”，而状态 k 所对应的“值”，就是以 ak 做为“终点”的最长上升子序列的长度。这个问题的状态一共有 N 个。状态定义出来后，转移方程就不难想了。假定 $MaxLen(k)$ 表示以 a_k 作为“终点”的最长上升子序列的长度，那么：$MaxLen(1)=1$；$MaxLen(k)=Max\{MaxLen(i)|1 < i < k$ 且 $ai < ak, i < k\}+1$ 这个状态转移方程的意思就是，$MaxLen(k)$ 的值，就是在 ak 左边，“终点”数值小于 ak，且长度最大的那个上升子序列的长度再加 1。因为 ak 左边任何“终点”小于 ak 的子序列，加上 ak 后就能形成一个更长的上升子序列。实际实现的时候，可以不必编写递归函数，因为从 $MaxLen(1)$ 就能推算出 $MaxLen(2)$，使用 $MaxLen(1)$ 和 $MaxLen(2)$ 就能推算出 $MaxLen(3)$……

参考程序：

```
#include <stdio.h>
#include <memory.h>
#define MAX_N 1000
int b[MAX_N + 10];
int aMaxLen[MAX_N + 10];
void main ( )
{
    int N;
    scanf ("%d", & N);
    for (int iTemp = 1; iTemp <= N; iTemp ++)
      scanf ("%d", & b[iTemp]) ;
    aMaxLen[1] = 1;
    for (iTemp = 2; iTemp <= N; iTemp ++)
    {
      int nTmp = 0;
      for (int jTemp = 1; jTemp < iTemp; jTemp ++)
      {
        if (b[iTemp] > b[jTemp])
        {
          if (nTmp < aMaxLen[jTemp])
            nTmp = aMaxLen[jTemp];
        }
```

```
        }
        aMaxLen[iTemp] = nTmp + 1;
    }
    int nMax = -1;
    for (iTemp = 1; iTemp <= N; iTemp ++)
        if (nMax < aMaxLen[iTemp])
    nMax = aMaxLen[iTemp];
    printf ("%d\n", nMax) ;
}
```

例题：最长公共子序列。

问题描述：

如果序列 $Z=<z_1, z_2, \cdots, z_k>$ 是序列 $X=<x_1, x_2,\cdots, x_m>$ 的子序列当且仅当存在严格上升的序列 $<i_1, i_2,\cdots, i_k>$，使得对 $j=1, 2,\cdots, k$，有 $x_i=z_i$。比如 $Z=<a, b, f, c>$ 是 $X=<a, b, c, f, b, c>$ 的子序列。对于给定的两个序列 X 和 Y，找出 X 和 Y 的最大公共子序列，也就是说，要找到一个最长的序列 Z，使得序列 Z 既是 X 的子序列也是 Y 的子序列。

输入数据：

输入若干组测试数据。每行为一组数据，由两个长度不超过 200 的字符串组成，两个字符串之间由若干个空格隔开，表示两个序列。

输出要求：

对给定的每组输入数据，输出两个序列的最大公共子序列的长度。

输入样例：

abcfbc abfcab

programming contest

abcd mnp

输出样例

4

2

0

解题思路：

如果用字符数组 $s1$、$s2$ 存放两个字符串，用 $s1[i]$ 表示 $s1$ 中的第 i 个字符，$s2[j]$ 表示 $s2$ 中的第 j 个字符（字符编号从 1 开始，不存在“第 0 个字符”），用 $s1i$ 表示 $s1$ 的前 i 个字符所构成的子串，$s2j$ 表示 $s2$ 的前 j 个字符构成的子串，$MaxLenStr(i, j)$ 表示 $s1i$ 和 $s2j$ 的最长公共子序列的长度，那么递推关系如下：

```
if (i ==0 || j == 0 )
```

```
        MaxLenStr (i, j) = 0
    else if ( s1[i] == s2[j] )
        MaxLenStr (i, j) = MaxLenStr (i-1, j-1 ) + 1;
    else
        MaxLenStr(i, j) = Max (MaxLenStr(i, j-1), MaxLenStr(i-1, j) ) ;
```

MaxLenStr (*i*, *j*) = *Max* (*MaxLenStr* (*i*, *j*–1), *MaxLenStr* (*i*–1, *j*) 这个递推关系需要证明一下。用反证法来证明，*MaxLenStr* (*i*, *j*) 不可能比 *MaxLenStr* (*i*, *j*–1) 和 *MaxLenStr* (*i*–1, *j*) 都大。先假设 *MaxLenStr* (*i*, *j*) 比 *MaxLenStr* (*i*–1, *j*) 大。如果是这样的话，那么一定是 *s*1[*i*] 起作用了，即 *s*1[*i*] 是 *s*1*i* 和 *s*2*j* 最长公共子序列里的最后一个字符。同样，如果 *MaxLenStr* (*i*, *j*) 比 *MaxLenStr* (*i*, *j*–1) 大，也能够推导出，*s*2[*j*] 是 *s*1*i* 和 *s*2*j* 的最长公共子序列里的最后一个字符。即，如果 *MaxLenStr* (*i*, *j*) 比 *MaxLenStr* (*i*, *j*–1) 和 *MaxLenStr* (*i*–1, *j*) 都大，那么，*s*1[*i*] 应该和 *s*2[*j*] 相等。但这是和应用本递推关系的前提 *s*1[*i*] ≠ *s*2[*j*] 相矛盾的。因此，*MaxLenStr* (*i*, *j*) 不可能比 *MaxLenStr* (*i*, *j*–1) 和 *MaxLenStr* (*i*–1, *j*) 都大。*MaxLenStr* (*i*, *j*) 当然不会比 *MaxLenStr* (*i*, *j*–1) 和 *MaxLenStr* (*i*–1, *j*) 中的任何一个小，因此，*MaxLenStr* (*i*, *j*) =*Max* (*MaxLenStr* (*i*, *j*–1), *MaxLenStr* (*i*–1, *j*) 必然成立。

显然本题目的“状态”就是 *s*1 中的位置 *i* 和 *s*2 中的位置 *j*。“值”就是 *MaxLenStr* (*i*, *j*)。态的数目是 *s*1 长度和 *s*2 长度的乘积。可以使用一个二维数组存储各个状态下的“值”。本问题的两个子问题，和原问题形式完全一致的，只不过规模小了一点。

参考程序：

```
#include "stdio.h"
#include "string.h"


char a[1000];
char b[1000];
int st[2000][2000];


int max (int a, int b)
{
    if (a>b)
        return a;
    else
        return b;
}
```

```
int main ()
{
    char s1[1000];
    char s2[1000];
    while ((scanf ("%s%s", s1, s2)) != EOF)
    {
      int a1=strlen (s1) ;
      int b1=strlen (s2) ;
      for (int i=2;i<=a1+1;i++)
          st [i][0]=s1[i-2];
      for (i=2;i<=b1+1;i++)
          st [0][i]=s2[i-2];
      for (i=2;i<=a1+1;i++)
      {
        for (int j=2;j<=b1+1;j++)
        {
          if (s1[i-2]!=s2[j-2])
             st [i][j]=max (st [i-1][j], st [i][j-1]) ;
          else
             st [i][j]= st [i-1][j-1]+1;
        }
      }
      printf ("%d\n", st [a1+1][b1+1]) ;
    }
    return 0;
}
```

例题：8 皇后问题

问题描述：

在国际象棋规则中，皇后可以吃掉与它处于同一横、竖、斜线上的棋子，且不限步数。如何将 8 个皇后放在 8×8 个方格的棋盘上，使它们不能相互被吃掉！这就是著名的 8 皇后问题。对于满足要求的某种 8 皇后摆放方法，用一个皇后串 b 与之对应，即 $b=a_1a_2\cdots a_8$，其中 a_i 为对应摆法中第 i 行皇后所处的列数。已知 8 皇后问题一共有 92 组解（即 92 个不同的皇后串）。给出一个数 n，要求输出第 n 个串。串的比较规则为：皇后串 n_i 置于皇后串 n_j 之前，当且仅当将 n_i 视为整数时比 n_j 小。

输入数据：

第 1 行为测试数据组数 n，后面跟着 n 行输入。每行输入为一个正整数 x（$1 \leqslant x \leqslant 92$）

输出要求：

n 行，每行输出对应一个输入。输出应是一个正整数，是对应于 x 的皇后串

输入样例：

2

1

92

输出样例：

15863724

84136275

解题思路：

因为要求出 92 种不同摆放方法中的任意一种，所以不妨把 92 种不同的摆放方法一次性求出来，存放在一个数组里。为求解这道题我们需要有一个矩阵仿真棋盘，每次试放一个棋子时只能放在尚未被控制的格子上，一旦放置了一个新棋子，就在它所能控制的所有位置上设置标记，如此下去把八个棋子放好。当完成一种摆放时，就要尝试下一种。若要按照字典序将可行的摆放方法记录下来，就要按照一定的顺序进行尝试。也就是将第一个棋子按照从小到大的顺序尝试；对于第一个棋子的每一个位置，将第二个棋子从可行的位置从小到大的顺序尝试；在第一第二个棋子固定的情况下，将第三个棋子从可行的位置从小到大的顺序尝试；依次类推。首先，有一个的矩阵仿真棋盘标识当前已经摆放好的棋子所控制的区域。用一个有 92 行每行 8 个元素的二维数组记录可行的摆放方法。用一个递归程序来实现尝试摆放的过程。基本思想是假设将第一个棋子摆好，并设置了它所控制的区域，则这个问题变成了一个 7 皇后问题，用与 8 皇后同样的方法可以获得问题的解。即重心就放在如何摆放一个皇后棋子上，摆放的基本步骤是：从第 1 到第 8 个位置，顺序地尝试将棋子放置在每一个未被控制的位置上，设置该棋子所控制的格子，将问题变为更小规模的问题向下递归，需要注意的是每次尝试一个新的未被控制的位置前，要将上一次尝试的位置所控制的格子复原。

参考程序：

```
#include <stdio.h>
#include <math.h>

int queenPlaces[92][8];
int count = 0;
```

```
int board[8][8];
void putQueen (int ithQueen) ;

void main ( )
{
    int n, i, j;
    for (iTemp = 0; iTemp < 8; iTemp ++)
    {
        for (jTemp = 0; jTemp < 8; jTemp ++)
            board[iTemp][jTemp] = -1;
        for (jTemp = 0; jTemp < 92; jTemp ++)
            queenPlaces[jTemp][ iTemp] = 0;
    }
    putQueen (0) ;
    scanf ("%d", &n) ;
    for (iTemp = 0; iTemp < n; iTemp ++)
    {
        int ith;
        scanf ("%d", &ith) ;
        for (jTemp = 0; jTemp < 8; jTemp ++)
            printf ("%d", queenPlaces[ith - 1][ jTemp]) ;
        printf ("\n") ;
    }
}

void putQueen (int ithQueen)
{
    int i, k, r;
    if (ithQueen == 8)
    {
        ++;

              = 0; iTemp < 8; iTemp ++)
```